绿色建筑与建筑节能

主　编　高玉环　谢崇实　高　露
主　审　季　翔　田　真

北京理工大学出版社
BEIJING INSTITUTE OF TECHNOLOGY PRESS

内 容 提 要

本书对标建筑设计专业国家教学标准和"1+X"证书BIM中级证书考核大纲要求，内容涵盖绿色建筑与建筑节能的基本知识和技能，分为八个学习情境，其中情境一为基础理论部分，对绿色建筑的概念、标准、设计策略等做了系统阐述，后续七个情境为模拟实操部分，分别为节能、能耗、碳排放、声环境、光环境、热环境、风环境的性能模拟实操，以办公楼项目为载体，任务式方式组织教学内容，对照企业工作流程安排实操环节，最终形成工程实践所需的各项模拟报告和图表。全书依据《绿色建筑评价标准》（GB/T 50378—2019）、《建筑节能与可再生能源利用通用规范》（GB 55015—2021）《建筑碳排放计算标准》（GB/T 51366—2019）等规范和标准文件编写。

本书可作为高职建筑设计、城乡规划、建筑室内设计、风景园林设计、环境艺术设计等专业和相近专业的教材，以及"1+X"证书BIM中级证书城乡规划与建筑设计方向的培训教材，也可作为本科建筑类专业的教学参考用书，和建筑物理性能模拟人员培训及参考用书，特别适用于绿色建筑相关咨询认证中建模岗位从业者及初学者。

图书在版编目（CIP）数据

绿色建筑与建筑节能 / 高玉环，谢崇实，高露主编
.--北京：北京理工大学出版社，2024.1
  ISBN 978-7-5763-3365-7

Ⅰ.①绿… Ⅱ.①高… ②谢… ③高… Ⅲ.①生态建筑②建筑－节能 Ⅳ.①TU-023②TU111.4

中国国家版本馆CIP数据核字（2024）第022391号

责任编辑：王梦春　　　　　　文案编辑：辛丽莉
责任校对：周瑞红　　　　　　责任印制：王美丽

出版发行 / 北京理工大学出版社有限责任公司
社　　址 / 北京市丰台区四合庄路6号
邮　　编 / 100070
电　　话 / (010) 68914026（教材售后服务热线）
　　　　　　(010) 68944437（课件资源服务热线）
网　　址 / http：//www.bitpress.com.cn
版 印 次 / 2024年1月第1版第1次印刷
印　　刷 / 河北鑫彩博图印刷有限公司
开　　本 / 787 mm×1092 mm　1/16
印　　张 / 13
字　　数 / 331千字
定　　价 / 98.00元

编委会

主　编　高玉环　谢崇实　高　露
主　审　季　翔　田　真
编写指导专家：(按姓氏笔画排序)
李百战　周铁军　郑周练　翁　季　曾旭东
主编单位：
重庆建筑工程职业学院、重庆市设计院有限公司

副主编 (纸质书稿，按姓氏笔画排序)

刘萱徽	广西建设职业技术学院
陈　成	北京绿建软件股份有限公司
杜　峰	福建理工大学
蒋　超	重庆市设计院有限公司
黎　昆	重庆市设计院有限公司

副主编 (数字资源，按姓氏笔画排序)

万宇鸿	湖北城市建设职业技术学院
阴玉洁	河北交通职业技术学院
朱婷婷	重庆建筑工程职业学院
李鑫松	重庆建筑工程职业学院
尚大为	内蒙古建筑职业技术学院
金雨蒙	苏州科技大学
金雪莉	广州番禺职业技术学院
郭　倩	重庆工商职业学院

参　编 (按姓氏笔画排序)

马金忠	宁夏建设职业技术学院		吴　洋	青岛酒店管理职业技术学院
王　松	河南建筑职业技术学院		李威兰	湖南高速铁路职业技术学院
王其恒	安徽水利水电职业技术学院		李　峰	山西工程科技职业大学
王　峡	海南科技职业大学		李朝阳	北京绿建软件股份有限公司
尹锦艳	华蓝设计集团有限公司		何　强	广西建设职业技术学院
史　波	江苏城乡建设职业学院		陈　颖	北京绿建软件股份有限公司
石建平	新疆建设职业技术学院		周　薇	广西交通职业技术学院
叶娇娇	贵州轻工职业技术学院		张　璐	黎明职业大学
龙　彬	昆明冶金高等专科学校		李耀晨	北京绿建软件股份有限公司
祁　娜	重庆建筑工程职业学院		青　宁	山东城市建设职业学院
江俐敏	武汉职业技术学院		岳　华	上海济光职业技术学院
纪　婕	北京财贸职业学院		罗　庭	重庆财经职业学院
刘婷婷	北京电子科技职业学院		武彦生	昆明冶金高等专科学校
刘福玲	上海城建职业学院		武　敬	武汉职业技术学院
刘镔毅	北京绿建软件股份有限公司		宗溢轩	重庆建筑工程职业学院
李日强	黑龙江建筑职业技术学院		胡宁宁	林州建筑职业技术学院
肖永建	西藏职业技术学院		祝春华	广东水利电力职业技术学院
张正维	江苏工程职业技术学院		秦翠翠	深圳职业技术大学
杨　旭	江苏城乡建设职业学院		韩宏彦	河北工业职业技术大学
张　伟	辽宁城市建设职业技术学院		谢　亮	西藏职业技术学院
邵伟芳	浙江建设职业技术学院		谭　炜	南充职业技术学院
李佼阳	重庆建筑工程职业学院		谭　爽	天津城市建设管理职业学院
苏英志	石家庄职业技术学院		潘　娟	重庆建筑科技职业学院
			冀晓霞	成都航空职业技术学院

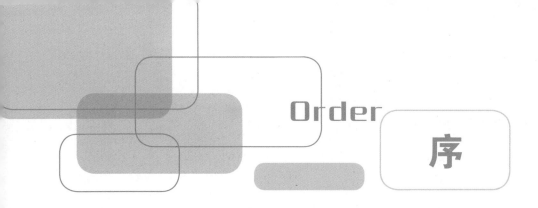

Order 序

　　绿色建筑是一个庞杂的知识体系，将整个体系在一本书中完整呈现是不现实的，而且在职业教育，绿色建筑教育尚处于起步阶段，既要考虑院校师生的接受程度，又要考虑与其他课程的衔接关系，这无疑增加了教材的编写难度。

　　这本书定位服务"高职绿色低碳建筑课程教材"，以模块方式组织教材内容，将建筑声、光、热、风等各类物理性能模拟，以任务方式串联起来，具体的流程与现在设计院所的工作流程对应，去繁就简，以满足工程实践需求为主线，间隙普及基础概念，点到为止，因此把篇幅控制在一个学期的教学周期，符合高职本身教学特点和学情基础。

　　绿色建筑教育融合一直都是学界研究重点，在当前双碳目标导向和行业绿色低碳转型背景下，针对高职编写一本实用型的基础教材，具有较强的推广价值和现实意义。高玉环是我的研究生，在求学期间认真严谨踏实，也一直使命驱动在高职阶段践行绿色建筑教育，对于认准的事，有一股强烈的干劲去干成，我很高兴她能与我另外的研究生谢崇实、高露联合，并团结一群志同道合的年轻教师编写教材，我相信这本书既是广大高职建筑设计专业师生的好教材，也是建筑物理性能模拟、绿色建筑咨询认证从业人员的重要入门技能用书。

　　今天是冬至，重庆没有下雪，但深冬已至寓意阳春即来。我研究绿色建筑将近二十余年，看到现在技术不断进步，也看到年轻人在不断成长，感慨万分……期待年轻学者们旷野求索，大步向前，让高职绿色建筑教育事业迎来阳春、焕发蓬勃生机！

　　几年辛苦磨一剑，确信本书编写者的用心付出，能为绿色建筑教育贡献一份坚实的力量，这是每个知识传递者最大的福报，也是对世界的最大善意。

于嘉陵江畔

2023 年 12 月 22 日

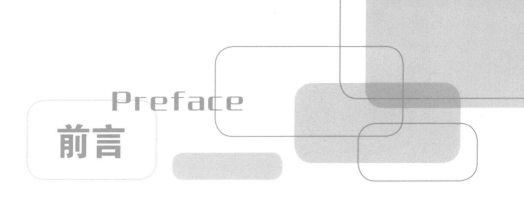

Preface

前言

随着中国"3060碳达峰碳中和"目标提出，教育部印发《绿色低碳发展国民教育体系建设实施方案》，提出"把绿色低碳发展理念全面融入国民教育体系各个层次和各个领域，培养践行绿色低碳理念、适应绿色低碳社会、引领绿色低碳发展的新一代青少年"，本书正式基于国家政策引领与号召，定位"高职绿色低碳建筑课程教材"，紧密对接建筑领域绿色化、数字化变革趋势，以培养高职层次建设领域绿色低碳设计人才为目标，契合企业绿色建筑工程师岗位需求，编写的一本基础实操教材。

本书在编写过程中，充分考虑高职绿色低碳建筑教育起步阶段的教学基础和学情特点，突显职业教育类型特色，按照教育部专业教学改革精神及学校教学实践需求，在项目化任务式教学课程改革成果的基础上，以更贴近生产需求和教学需求为导向，按照企业典型工作环节组织教材内容，甄选适宜知识点，构建核心技能主线，并有机融入思政内涵。本书具有如下特点：

（1）以真实生产项目为载体，适应模块化专业课程教学需求，基于典型工作任务构建教学模块，基于典型工作环节确定学习步骤。

（2）配套完善数字资源，实践环节配套有新形态活页式表单、操作视频、PPT、题库等数字教学资源，教材可听、可视、可练。读者可扫描右侧二维码下载，期望能对读者更好地使用本教材及理解和掌握相关知识有所帮助。

（3）教材"1"和"X"双对标，既对标国家专业教学标准和核心课程教学大纲，也系统对标"1+X"（BIM中级证书）职业技能等级标准和考评大纲要求，融合设计类职业技能大赛技能要求，实现"岗课赛证"融通。

（4）顺应教育教学规律和人才成长规律，采用进阶模块式编排教学单元，由基础到逐步拓展，围绕使学生习得"绿色低碳建筑数字模拟技术核心技能"这一目标，甄选紧扣技能习得的知识技能点，去除冗余分支，教材引导师生通过完成任务模式组织教学，激发学习兴趣。

（5）注重反映绿色建筑与建筑节能领域出现的新材料、新技术、新工艺，以国家最新执行的国家标准和规范为蓝本。

本书由重庆建筑工程职业学院高玉环、重庆市设计院有限公司谢崇实、重庆建筑工程职业学院高露担任主编；具体编写分工为：学习情境一由谢崇实、蒋超共同编写，学习情境二由高玉环编写，学习情境三由高玉环、黎昆共同编写，学习情境四由高玉环、黎昆共同编写，学习情境五由

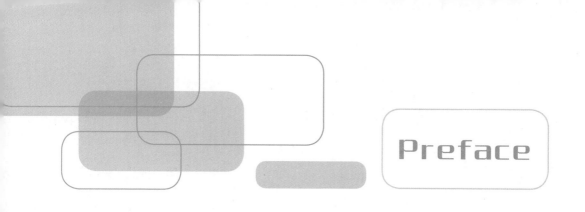

Preface

黎昆、祁娜共同编写，学习情境六由黎昆、高玉环、宗溢轩共同编写，学习情境七由高玉环、祁娜共同编写，学习情境八由高玉环、宗溢轩共同编写，教学课件由刘萱徽、高玉环、阴玉洁、万宇鸿、朱婷婷、金雨蒙、郭倩、李鑫松、尚大为、秦翠翠负责制作，数字活页式表单由高玉环、阴玉洁、万宇鸿、朱婷婷、金雨蒙、郭倩、李鑫松制作，操作视频由高玉环、黎昆、陈颖、李耀晨、刘镔毅、朱婷婷负责制作，其他编写人员均参与了教材题库资源制作，高玉环、谢崇实、高露负责组织编写及全书整体统稿工作，全书由季翔、田真主审。

特别感谢北京绿建软件股份有限公司陈成、陈颖、李耀晨、刘镔毅提供技术和软件等资源支持。特别感谢重庆市设计院有限公司谢崇实、蒋超、黎昆以丰富的工程实践经验和企业用人视角，深度参与本书若干章节编写，并对全书多轮耐心推敲答疑。特别感谢高露为教材前期立项、组建团队和后期编写统筹，倾注了大量心血。特别感谢刘萱徽、李鑫松、郭倩、金雨蒙、阴玉洁、万宇鸿、朱婷婷、尚大为和其他42所高校教师的倾囊付出，精心为本书制作了高质量数字资源。特别感谢我的小助手祁娜、宗溢轩在编写前期扎实完成了大量准备工作。特别感谢尊敬的专家前辈李百战、郑周练、谢辉、季翔、田真、曾旭东对本书的指导关切。特别感谢我最敬爱的导师周铁军、翁季、王雪松对本书的指教与帮助。特别感谢北京理工大学出版社编辑和其他工作人员对本书的大力支持与用心付出。最后，特别感谢爱我的家人给予的包容与默默付出，为我专心工作提供了良好环境与心态。

本书在编写过程中，编者查阅了大量公开或内部发行的技术资料和书刊，借用了其中一些图表及内容，在此向原作者致以衷心的感谢。由于编者水平有限，加之时间仓促，书中难免存在疏漏之处，敬请广大读者批评指正。

获取配套课程，下载超星学习通
App，扫码加入班级，师生均可，
课程持续更新

获取更多教学资源，实名加入课程
研讨QQ群：779398812，
仅限教师，严格审批

Contents

目录

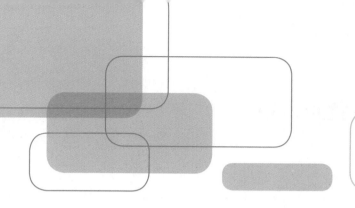

Contents

学习情境一

基础理论

🏆 **知识目标** ●

了解绿色建筑评价的发展概要；了解主要绿色建筑评价标准的评价系统、指标体系、评价级别及相关人员资质的情况；了解中国大陆地区建筑节能标准的发展概要；了解当前建筑节能领域主要工程技术标准的技术组成；了解绿色建筑与建筑节能设计的相关主要策略；了解双碳目标下绿色建筑的新发展。

🏆 **能力目标** ●

能结合后续章节模型，在教师引导下合理选用适宜的技术。

🏆 **素养目标** ●

活页式表单

通过数字软件建立模型，提升信息素养和工程思维，通过排查模型问题、分析报告，培育工匠精神和科学精神。

一、关联课程及学习基础

1. 建筑材料

了解建筑材料和生态环境的关系；掌握建筑砌体、墙板、保温板材、屋面板材、节能门窗等保温隔热材料或产品的基础知识、原理和性能特点；熟悉建筑节能和绿色建筑对于建筑材料的使用要求与应用趋势；掌握不同保温隔热材料在不同保温系统（外保温/自保温/内保温）中的基本构造组成。

2. 建筑物理

理解建筑热工学的基本原理和建筑围护结构的节能设计原则；掌握建筑围护结构的保温、隔热、防潮设计，以及日照、遮阳、通风方面的设计原则。理解建筑采光和照明的基本原理，掌握采光设计标准与计算原理，了解室内外环境照明对光和色的控制；了解采光和照明节能的一般原则和措施。理解建筑声学的基本原理；了解城市环境噪声与建筑噪声的关系，以及噪声标准值；掌握建筑隔声设计与吸声材料和构造的选用原则。

3. 建筑设备

了解热量传递的基本方式；了解采暖系统的分类和工作原理；了解自然通风原理、机械通风系统；并掌握建筑设计与通风的关联；了解空调系统的基本组成与系统分类；了解空调参数的控制指标；了解建筑供电系统的基本概念及组成；掌握建筑照明的基本概念与照明方式；了解建筑照明灯具及绿色节能相关内容。

二、绿色建筑评价概述

1969年，建筑师保罗·索勒里综合生态与建筑两个概念，首次提出了"生态建筑"理念。20世纪70年代的石油危机，促进了建筑可持续发展意识的提升；20世纪80年代，随着节能建筑体系的逐渐完善，以健康为中心的建筑环境研究成为建筑研究的新热点。1992年联合国环境与发展大会上，第一次明确提出了"绿色建筑"的概念。绿色建筑由此逐渐成为一个兼顾环境影响与室内舒适健康的建筑技术体系，在国际上得到越来越多的实践推广，成为当前建筑领域的重要方向。

绿色建筑主要是指为人类提供一个舒适健康的活动空间，同时高效利用资源，最低限度影响环境的建筑物。尽管各国观念、技术、市场、气候等方面的差异，对绿色建筑的准确定义存在差别，但各国的绿色建筑认知基本涵盖以下三个主要方面：

（1）环境——与周边自然环境协调融合；

（2）本体——减少对自然资源和地球环境的负荷；

（3）室内——创造舒适健康的人类活动空间。

为了使绿色建筑的概念具有切实的可操作性，各国相继开发了不同的绿色建筑评价体系，以定量地描述绿色建筑中的能源利用、水资源利用、材料资源利用、室内环境质量、绿色建筑经济性能等方面的指标，为工程决策者、设计者及项目参与各方提供决策指导和决策依据。目前，中国市场上影响较大的有中国绿色建筑评价标准、美国LEED评价标准、英国BREEAM评价标准。国际市场上，还包括日本CASBEE、德国DGNB、澳大利亚NABERS、新加坡Green-Mark、法国HQE等评级标准。

随着近几十年绿色建筑评价标准的发展，目前各国绿色建筑标准已逐步形成以下特征：注重因地制宜与广泛应用；评价指标由早期定性评价，经过以措施为导向的定量阶段，逐步转向以效果为导向的定量阶段；指标体系从早期关注建筑性能，逐步扩展为综合环境、经济和技术性能的综合性评价。

三、绿色建筑评价与工程标准

1. 中国绿色建筑评价标准

作为我国引领绿色建筑发展的根本性技术标准《绿色建筑评价标准》（GB/T 50378）自2006年首次发布以来，已历经2014年与2018年两次修订工作，目前最新版本为《绿色建筑评价标准》（GB/T 50378—2019）。这一标准明确了我国绿色建筑的定义、评价指标和方法，形成了具有中国特色的涵盖绿色建筑设计、施工、审查、评价、运维、检测等工程建设的全过程的技术标准体系，有力地推动了中国绿色建筑的规模化发展。

现行《绿色建筑评价标准》（GB/T 50378—2019）更新了绿色建筑的术语，确定为"在全寿命周期内，节约资源、保护环境、减少污染，为人们提供健康、适用、高效的使用空间，最大限度地实现人与自然和谐共生的高质量建筑"。对绿色建筑的指标体系，进行了全新构建，从2006版确定的"四节一环保"（节地、节水、节能、节材、室内环境质量）发展为"五大性能"（安全耐久、健康舒适、生活便利、资源节约、环境宜居）。对绿色建筑的评价等级，在原有绿色建筑一星级、二星级、三星级的基础上增加了"基本级"；并对等级认证的要求做出了细化，满足所有控制项要求即基本级，总分达到 60 分、70 分、85 分且满足相应强制性性能要求即可评价为一星级、二星级、三星级。

在《绿色建筑评价标准》（GB/T 50378）的基础上，发展出了其他多部绿色建筑评价标准，主要包括《绿色工业建筑评价标准》（GB/T 50878）、《既有建筑绿色改造评价标准》（GB/T 51141）等。目前这三部标准共同构成了我国绿色建筑评价标准的基础。

更多有关中国《绿色建筑评价标准》（GB/T 50378）的内容，可查阅中国建筑节能网，网址为 http：//www.chinagb.net。

2. LEED 评价标准

（1）LEED。LEED 是由美国绿色建筑委员会（U. S. Green Building Council，USGBC）推出的全球范围内被广泛应用的绿色建筑评价标准，其全称为 Leadership in Energy and Environmental Design。LEED 评价体系推动社会、环境、经济的"三重底线"实现可持续发展。LEED 认证体系适用于所有建筑类型，针对不同的建筑类型和建筑生命周期的不同阶段，具有不同的评价分支系统，包括建筑设计与施工（Building Design and Construction，BD＋C）、建筑运营与维护（Operations and Maintenance，O＋M）、室内设计与施工（Interior Design and Construction，ID＋C）、社区开发（Neighborhood Development，ND）、住宅（HOMES）。

以 LEED BD＋C 为例，LEED 指标体系包含整合设计、选址与交通、可持续场址、水资源利用、能源与大气、材料与资源、室内环境质量、创新、地域优先共 9 个部分，总计 110 分。LEED 评价结果按得分高低，分为 4 个评价级别，即认证级（Certified），40～49 分；银级（Silver），50～59 分；金级（Gold），60～79 分；铂金级（Platinum），≥80 分。

LEED 的目标如下：

1）减少对全球气候变化的影响；

2）促进人员健康；

3）保护和恢复水资源；

4）保护和加强生物多样性和生态系统；

5）建设绿色经济；

6）提高社区生活质量；

7）促进可持续和再生材料循环。

（2）LEED GA、LEED AP 和 LEED Fellow。按照职业发展路径来看，LEED 专业人士共分为 3 个阶段：LEED Green Associate（LEED 初级人才）、LEED AP（LEED 认证专家）、LEED Fellow（LEED 会士）。LEED 全称为 Leadership in Energy and Environmental Design。

1）LEED GA（LEED Green Associate）是美国绿色建筑委员会针对从事绿色建筑工作的人士推出的初级专业认证资质。LEED GA 的考试主要衡量从业者对绿色建筑核心原则与实践方法基础知识的掌握，通过 LEED GA 考试的人可以更好地参与、支持 LEED 项目的认证和实施。

2）LEED AP 是美国绿色建筑委员会认可的 LEED 项目认证专家级资质。拥有该资格意味着专业人士可以顺利地管理整个 LEED 认证项目的实施。LEED AP 的考试考察专业人士对绿色建筑的深度认知，和 LEED 认证体系中某一分支的具体掌握。LEED AP 总共有以下 5 种，分别是 LEED AP BD+C、LEED AP O+M、LEED AP ID+C、LEED AP ND、LEED AP HOMES。

3）LEED Fellow 称号是对 LEED 专业人士在绿色建筑、设计、工程或发展等领域做出卓越表现的最高评价。LEED Fellow 必须经过提名才能进入评选流程，需持有有效的 LEED AP 证书 10 年以上，且对 LEED 发展拥有突出贡献，才可以申请这一资质。

LEED 评价标准及人员资质相关内容可在 USGBC 官方网站上获取更多信息，网址为 http://www.usgbc.org。也可通过微信小程序"WE LEED On"了解更多信息。

3. BREEAM 评价标准

（1）BREEAM。BREEAM 是世界上第一个建筑环境可持续发展评价标准，其全称为 Building Research Establishment Environmental Assessment Method。BREEAM 评价标准综合评估项目的采购、设计、施工和运营，确保每个阶段都符合目标的性能要求。BREEAM 包含 9 大评估范畴，分别是能耗控制、健康宜居、项目绿色管理、绿色建筑材料、污染控制、用地与环境生态、废物处理、绿色交通和水资源利用。这 9 大评估范畴旨在评估建筑的所有方面，其权重将依据不同地区的具体情况进行调整。BREEAM 结果按照各部分权重进行计分，计分结果分为 5 个等级，分别是合格（Pass）≥30%、良好（Good）≥45%、优秀（Very Good）≥55%、出色（Excellent）≥70% 和杰出（Outstanding）≥85%。

BREEAM 针对不同类型建筑开发了不同的评价子系统，包括新建建筑（New construction）、既有建筑（In-use）、翻新和装修（Refurbishment and fit-out）、基础设施建设-土木工程和公共区域（Infrastructure）、城市区域-总体规划（Communities）。

BREEAM 的目标如下：

1）为环境影响较低的楼宇提供市场认可；

2）为确保在规划、设计、建造、运营建筑物及更广泛的建筑环境时，均实现最佳的环保战略；

3）高于相关法规标准要求，定义一个健全的、具有成本效益的性能标准；

4）向市场发出挑战，以提供具创意、成本效益的解决方案，从而尽量减少建筑物对环境的影响；

5）提高业主、住户、设计师及营运商对楼宇的效益及价值的认识，以减低楼宇的生命周期内对环境的影响；

6）让机构展示在实现其环保目标方面的进展。

（2）BREEAM AP 和 BREEAM Licensed Assessor。

1）BREEAM AP（BREEAM Accredited Professional）特许从业专家是对 BREEAM 体系的原则、要求和评估过程有宏观了解，并能在项目推进过程中指导、促进项目团队做决策、准备资料及提高工作效率的专业人士。BREEAM AP 能够使项目团队在获得目标评级的同时，节约成本，管控风险。BREEAM AP 资质需要通过考试获得。

2）BREEAM Licensed Assessor 持证评估师是能够独立注册并完成项目评估，确保项目的评级有效性，实现认证项目的价值的注册专业人士。

BREEAM AP 和 BREEAM Licensed Assessor 在项目评估中的角色分工，详见表 1-1。

表 1-1　BREEAM AP 和 BREEAM Licensed Assessor 角色分工表

项目	规划/设计/施工/管理			评估取证			正式评估			
	预评估	提供建议	协调/促进	协调	校对	合规意见	注册	合规审查	合规审查及生成评估/得分报告	向 BRE Global 递交评估报告
AP										
Licensed Assessor		★								
注：	不属于其职责范围									
	可以执行但并不是其主要职责									
	主要职责									
	★	Licensed Assessor 在管理好所有潜在利益冲突的情况下可以进行其资格以外的任务								

BREEAM 评价标准及人员资质相关内容可在 BRE 官方网站、BRE 中国官方网站上获取更多信息，网址分别为 http：//bregroup.com，http：//bregroup.cn。

四、建筑节能工程标准

1. 中国大陆地区建筑节能标准的发展

20 世纪 80 年代初期，我国相关部门启动了有关建筑节能的早期科研工作，包括针对采暖住宅的调查、实测与统计分析，民用建筑外窗，墙体保温性能等方面的研究。这些研究的相关成果，成为后来编制我国首部节能标准的工作基础。1986 年 3 月，原建设环境保护部发布了《民用建筑节能设计标准（采暖居住建筑部分）》（JGJ 26—1986），并于当年 8 月 1 日起试行。该标准建立了我国建筑节能设计标准编制的基本思路和方法，将 1980 年各地通用住宅设计作为居住建筑的节能基准（Baseline）；即以 1980 年典型居住建筑的围护结构热工参数、1980 年采暖设备能效作为边界条件，在保证合理室内热环境参数情况下，计算全年采暖能耗作为 100％基准值，并以此为基准，确定节能目标。《民用建筑节能设计标准（采暖居住建筑部分）》（JGJ 26—1986）的节能目标值为节能率 30％。在此基础上进一步节能 30％，即达到节能率 50％，这是《民用建筑节能设计标准》（JGJ 26—1995）的目标节能率。此后，我国建筑节能工作进入到一个稳步发展的阶段。在这一时期，先后制定了《夏热冬冷地区居住建筑节能设计标准》（JGJ 134—2001）、《夏热冬暖地区居住建筑节能设计标准》（JGJ 75—2003）等节能设计标准。

2005 年 7 月，《公共建筑节能设计标准》（GB 50189—2005）发布实施。该标准的发布实施，标志着我国建筑节能工作在民用建筑领域全面铺开，是建筑行业大力发展节能省地型住宅和公共建筑，制定并强制推行更加严格的节能节材节水标准的一项重大举措。此后一段时期，各项建筑节能设计标准全面进行修订。2010 年发布了《严寒和寒冷地区居住建筑设计标准》（JGJ 26—2010），将节能目标在《民用建筑节能设计标准》（JGJ 26—1995）基础上进一步节能 30％，达到 65％节能率。《夏热冬冷地区居住建筑节能设计标准》（JGJ 134）也进行了修订，更新为《夏热冬冷地区居住建筑节能设计标准》（JGJ 134—2010）。2015 年，《公共建筑节能设计标准》（GB 50189—2015）完成修订并发布实施。

同时，除编订了一系列节能设计标准外，还编制了与工程建设相关的施工验收、工程检测、节能产品等相关标准或技术规程，形成了较为完善的建筑节能工程标准体系。

2. 工程标准

（1）《民用建筑热工设计规范》（GB 50176—2016）。《民用建筑热工设计规范》（GB 50176—

2016）是使建筑热工设计与地区气候相适应，保证室内基本的热环境要求，符合国家节能减排的方针而制定；适用于新建、扩建和改建民用建筑的热工设计；规范自 2017 年 4 月 1 日起实施。

该规范的主要技术内容包括：1. 总则；2. 术语和符号；3. 热工计算基本参数和方法；4. 建筑热工设计原则；5. 围护结构保温设计；6. 围护结构隔热设计；7. 围护结构防潮设计；8. 自然通风设计；9. 建筑遮阳设计。另有附录 A. 热工设计区属及室外气象参数；附录 B. 热工设计计算参数；附录 C. 热工设计计算公式；附录 D. 围护结构热阻最小值。

标准中划分了建筑热工设计区划及设计原则，见表 1-2。

表 1-2 建筑热工设计一级区划指标及设计原则

建筑热工设计一级区划名称	设计原则	部分典型城市
严寒地区（1）	必须充分满足冬季保温要求，一般可以不考虑夏季防热	哈尔滨、沈阳、西宁、乌鲁木齐
寒冷地区（2）	应满足冬季保温要求，部分地区兼顾夏季防热	北京、济南、西安、银川
夏热冬冷地区（3）	必须满足夏季防热要求，适当兼顾冬季保温	上海、重庆、合肥
夏热冬暖地区（4）	必须充分满足夏季防热要求，一般可不考虑冬季保温	福州、广州、南宁
温和地区（5）	部分地区应考虑冬季保温，一般可不考虑夏季防热	昆明

（2）《公共建筑节能设计标准》（GB 50189—2015）。《公共建筑节能设计标准》（GB 50189—2015）是为改善公共建筑的室内环境，提高能源利用效率，促进可再生能源的建筑应用，降低建筑能耗而制定；标准适用于新建、扩建和改建的公共建筑节能设计；标准自 2015 年 10 月 1 日起实施。

该标准的主要技术内容包括：1. 总则；2. 术语；3. 建筑与建筑热工；4. 供暖通风与空气调节；5. 给水排水；6. 电气；7. 可再生能源应用。另有附录 A. 外墙平均传热系数的计算；附录 B. 围护结构热工性能的权衡计算；附录 C. 建筑围护结构热工性能权衡判断审核表；附录 D. 管道与设备保温及保冷厚度。

该标准是各地方公共建筑节能设计标准的依据，如广东省标准《广东省公共建筑节能设计标准》（DBJ 15—51—2020）、上海市工程建设规范《公共建筑节能设计标准》（DGJ 08—107—2015）等。各地方公共建筑节能标准结合当地地区气候及工程建设行业特性，在技术措施和技术要求上均有所调整。

（3）《夏热冬冷地区居住建筑节能设计标准》（JGJ 134—2010）。《夏热冬冷地区居住建筑节能设计标准》（JGJ 134—2010）是为改善夏热冬冷地区居住建筑热环境，提高采暖和空调的能源利用效率而制定；标准适用于夏热冬冷地区新建、改建和扩建居住建筑的建筑节能设计；标准自 2010 年 8 月 1 日起实施。

该标准的主要技术内容包括：1. 总则；2. 术语；3. 室内热环境设计计算指标；4. 建筑和围护结构热工设计；5. 建筑围护结构热工性能的综合判断；6. 采暖、空调和通风节能设计。另有附录 A. 面积和体积的计算；附录 B. 外墙平均传热系数的计算；附录 C. 外遮阳系数的简化计算。

该标准是夏热冬冷地区各地方居住建筑节能设计标准的依据，如上海市工程建设规范《居住建筑节能设计标准》（DGJ 08—205—2015）、江西省工程建设标准《江西省居住建筑节能设计标准》（DBJ/T36—024—2014）等。由于现行 JGJ 134 发布时间较早，近些年随着国家大力推进建筑节能与绿色建筑工作，夏热冬冷地区各现行地方居住建筑节能设计标准的具体技术要求和技术指标已普遍高于 JGJ 134 的技术要求。

（4）《严寒和寒冷地区居住建筑节能设计标准》（JGJ 26—2018）。《严寒和寒冷地区居住建筑节能设计标准》（JGJ 26—2018）是为改善严寒和寒冷地区居住建筑的室内热环境，提高能源利用效率，适应国家清洁供暖的要求，促进可再生能源的建筑应用，进一步降低建筑能耗而制定；标准适用于严寒和寒冷地区新建、扩建和改建居住建筑的节能设计；标准自 2019 年 8 月 1 日起实施。

该标准的主要技术内容包括：1. 总则；2. 术语；3. 气候区属和设计能耗；4. 建筑与围护结构；5. 供暖、通风、空气调节和燃气；6. 给水排水；7. 电气。另有附录 A. 新建居住建筑设计供暖年累计热负荷和能耗值；附录 B. 平均传热系数简化计算方法；附录 C. 地面传热系数计算；附录 D. 建筑遮阳系数的简化计算。

该标准是严寒和寒冷地区各地方居住建筑节能设计标准的依据，如北京市地方标准《居住建筑节能设计标准》（DB11/891—2020）、内蒙古自治区工程建设地方标准《居住建筑节能设计标准》（DBJ 03—35—2019）等。

（5）《夏热冬暖地区居住建筑节能设计标准》（JGJ 75—2012）。《夏热冬暖地区居住建筑节能设计标准》（JGJ 75—2012）是为改善夏热冬暖地区居住建筑热环境，降低建筑能耗而制定；标准适用于夏热冬暖地区新建、改建和扩建居住建筑的建筑节能设计；标准自 2013 年 4 月 1 日起实施。

该标准的主要技术内容包括：1. 总则；2. 术语；3. 建筑节能设计计算指标；4. 建筑和建筑热工节能设计；5. 建筑节能设计的综合评价；6. 采暖空调和照明节能设计。另有附录 A. 建筑外遮阳系数的计算方法；附录 B. 反射隔热饰面太阳辐射吸收系数的修正系数；附录 C. 建筑物空调采暖年耗电指数的简化计算方法。

该标准是夏热冬暖地区各地方居住建筑节能设计标准的依据，如广东省标准《广东省居住建筑节能设计标准》（DBJ/T 15—133—2018），福建省工程建设地方标准《福建省居住建筑节能设计标准》（DBJ 13—62—2019）等。与 JGJ 134 情况相似，JGJ 75 标准中的技术要求和技术指标已逐步被各地方标准的更高要求所覆盖。

（6）《温和地区居住建筑节能设计标准》（JGJ 475—2019）。《温和地区居住建筑节能设计标准》（JGJ 475—2019）是为改善温和地区居住建筑室内热环境，降低建筑能耗而制定；标准适用于温和地区新建、扩建和改建居住建筑的节能设计；标准自 2019 年 10 月 1 日起实施。

该标准的主要技术内容包括：1. 总则；2. 术语；3. 气候子区与室内节能设计计算指标；4. 建筑和建筑热工节能设计；5. 围护结构热工性能的权衡判断；6. 供暖空调节能设计。另有附录 A. 温和地区典型城镇的太阳辐射数据；附录 B. 平均传热系数的计算；附录 C. 外遮阳系数的简化计算。

该标准是温和地区各地方居住建筑节能设计标准的依据，如云南省工程建设地方标准《云南省民用建筑节能设计标准》（DBJ 53/T—39—2020）。

（7）《建筑节能与可再生能源利用通用规范》（GB 55015—2021）。《建筑节能与可再生能源利用通用规范》（GB 55015—2021）是为执行国家有关节约能源、保护生态环境、应对气候变化的法律法规，落实碳达峰、碳中和决策部署，提高能源资源利用效率，推动可再生能源利用，降低建筑碳排放，营造良好的建筑室内环境，满足经济社会高质量发展的需要而制定。新建、扩建和改建建筑以及既有建筑节能改造工程的建筑节能与可再生能源建筑应用系统的设计、施工、验收及运行管理必须执行该规范。该规范自 2022 年 4 月 1 日起实施，且为强制性工程建设规范，全部条文必须严格执行。其他现行工程建设标准相关强制性条文同时废止。现行工程建设标准中有关规定与该规范不一致的，以该规范的规定为准。

该规范的主要技术内容包括：1. 总则；2. 基本规定；3. 新建建筑节能设计；4. 既有建筑节能改造设计；5. 可再生能源建筑应用系统设计；6. 施工、调试及验收；7. 运行管理。另有附录 A. 不同气候区新建建筑平均能耗指标；附录 B. 建筑分类及参数计算；附录 C. 建筑围护结构热工性能权衡判断。

（8）《农村居住建筑节能设计标准》（GB/T 50824—2013）。《农村居住建筑节能设计标准》（GB/T 50824—2013）是为改善农村居住建筑室内热环境，提高能源利用效率而制定；该标准适用于农村新建、改建和扩建的居住建筑节能设计；标准自 2013 年 5 月 1 日起实施。

该标准的主要技术内容包括：1. 总则；2. 术语；3. 基本规定；4. 建筑布局与节能设计；5. 围护结构保温隔热；6. 供暖通风系统；7. 照明；8. 可再生能源利用。另有附录 A. 围护结构保温隔热构造选用。

五、建筑设计策略

1. 冬季的设计策略

（1）冬季内热的保存。

1）降低建筑的体形系数；高层优于多层，紧凑优于松散，覆土优于地上。

2）将室内舒适度要求低的非主要功能空间或辅助空间，如储藏空间、设备空间、楼梯间、卫生间等设于气候不利朝向，如北向或西向；南侧可设置阳光房。

3）降低南向以外朝向的窗墙比。

4）采用更高性能的外窗，包括更高性能的玻璃结构，如三玻两腔，以及更高性能的型材，如聚氨酯型材、铝木复合型材等。

5）冷热桥的保温处理，避免结构构件外露。

（2）冷风侵袭的避免。

1）冬季主导风向上种植常绿乔木形成防风林。

2）利用建筑构件或植物遮挡，避免建筑入口的冷风侵入。

3）降低建筑的体形系数，从而降低外表面受风面积。

4）利用建筑构件、屋顶形态等，引导风发生偏转。

5）将室内舒适度要求低的非主要功能空间或辅助空间设置在冬季迎风面。

6）降低迎风面的外窗开口。

7）利用门斗、旋转门等措施来减少风在入口的渗透。

8）加强外窗的气密性。

（3）更多阳光的接纳。

1）建筑优先考虑朝南或东南。

2）建筑南面减少构物或高大乔木遮挡；在东向/东南向、西向/西南向种植落叶乔木。

3）提高建筑南向窗墙比。

4）将主要功能空间尽量设置在南向，而将非主要功能空间设置在北向。

5）利用南侧阳光房实现被动式太阳能采暖。

6）室内采用浅色表面，将更多光线反射进入室内。

2. 夏季的设计策略

（1）避免直接得热。

1）植物遮阳；南向可采用落叶植物以适应冬季采暖和夏季隔热的需求变化，其他朝向可采用常绿植物。

2）减少场地硬质铺装，采用植物。

3）利用周边建筑物遮挡形成遮阳。

4）设置独立式片墙作为西墙遮阳。

5）利用建筑自身形式或构件形成建筑遮阳。

6）降低建筑东向/西向，特别是西向的窗墙比。

7）为所有的天窗提供遮阳。

8）为所有的外窗提供遮阳。

9）采用双层屋顶，并使屋顶之间的夹层具有良好的通风能力。

10）采用通透的遮阳装置，避免空气被加热无法逸散。

11）如果不能实现外部遮阳，则可以提供室内遮阳。

（2）自然通风降温。

1）优化建筑物的朝向，利用场地夏季主导风向。

2）优化场地景观设计，将风向导向建筑。

3）建筑采用松散形态布局，可以获得穿堂风。

4）建筑底部架空有利于提高通风。

5）开敞楼梯间有利于气流垂直运动。

6）建筑迎风面和背风面都开启大窗。

7）建筑外窗设置导风鳍墙，引导风吹进窗户。

8）屋顶设置通风开口，如老虎窗、山墙通风孔等。

9）采用双层屋顶，并使屋顶之间的夹层具有良好的通风能力。

10）利用太阳能烟囱在无风的天气下对功能空间进行竖向通风。

（3）阻挡或降低室外热量。

1）降低建筑的体形系数；高层优于多层，紧凑优于松散，覆土优于地上。

2）利用周边建筑物遮挡形成遮阳。

3）采用厚重或高热容量的围护结构材料。

4）降低窗墙比。

5）窗户内外均采用遮阳或百叶。

6）屋顶和外墙面尽量采用浅色，以反射室外热量。

7）在迎风通道上设置景观水体，实现蒸发降温。

8）利用植物蒸腾作用实现室外空间降温。

9）设置屋顶水池。

六、机电设计策略

1. 开源，更多样的能源与水源

（1）可再生能源利用。

1）在水文地址条件适宜地区，采用水源热泵系统。

2）建设区域集中能源站。

3）利用浅层地热能建设土壤源热泵系统。

4）采用空气源热泵系统。

5）充分利用太阳能进行光伏发电或辅助供热。

6）在适宜地区，采用风力发电技术。

（2）可再生水源利用。

1）采用市政再生水系统。

2）项目自建中水再利用系统。

3）项目自建雨水再利用系统。

2. 节流，更高效的系统与设备

（1）设备性能。

1）选用更高等级的节水器具。

2）采用高效冷热源设备。

3）采用热回收技术。

4）选择节能型光源。

5）降低照明功率密度值。

6）选用节能型变压器。

（2）控制措施。

1）精细化用水与用能计量。

2）精细化的设备控制与调节。

3）采用智能化系统对设备启停与运行等实现优化运行。

3. 品质，更健康的室内外空间

（1）室内空间性能提升。

1）带过滤新风系统保障空气品质。

2）饮用水过滤。

3）提升灯具显色性、防眩光等要求。

4）对机电设备进行降噪处理。

5）提供个人热舒适调节设备，如桌面风扇。

（2）室外空间性能提升。

1）避免夜景照明向上直射以及强光外溢。

2）人员活动场地设置雾化蒸发降温系统。

七、绿色建筑概念的延展

1. 零碳建筑，净零与近零

（1）净零碳建筑。净零（Net Zero），是全球范围内各行业普遍共识。世界绿色建筑委员会（World Green Building Council）对净零碳建筑的定义为：高效节能的建筑所有的能耗都由现场或者场地外的可再生能源提供，以实现每年的净零碳排放。

2021年11月，德国莱茵 TÜV 与英国建筑研究院联合发布"净零碳建筑评价标准"。该标准基于 BRE 制定的净零碳标准、中国温室气体排放核查指南，以及莱茵 TÜVChina－mark（中国标识）认证体系，评价范围涵盖了建筑材料隐含碳排放、建筑运营期（新建建筑、现有建筑）的运营碳排放，以及建筑整个生命周期内的碳排放。在净零碳建筑评价标准的技术路径中，从隐含碳到运营碳，从涉及房产开发商、建筑设计师、EPC 总包商的新建建筑，以设计资料为评价依据的碳排放估算；到涉及资产管理方、物业运营方、租户使用方的现有建筑，以实际数据为评价依据的碳排放改善方案，充分反映了最新的科学和行业思维，根据不同建筑或资产类型和生命周期，定制了评估方法，将全面支持具有挑战性但可实现的建筑减排脱碳。

（2）近零能耗建筑。近零能耗建筑（Nearly Zero Energy Building），源自现行国家标准《近零能耗建筑技术标准》（GB/T 51350—2019），其定义为：适应气候特征和场地条件，通过被动式建筑设计最大幅度降低建筑供暖、空调、照明需求，通过主动技术措施最大幅度提高能源设备与系统效率，充分利用可再生能源，以最少的能源消耗提供舒适室内环境，且其室内环境参数和能效指标符合本标准规定的建筑，其建筑能耗水平应比国家标准《公共建筑节能设计标准》（GB 50189—2015）和行业标准《严寒和寒冷地区居住建筑节能设计标准》（JGJ 26—2010）、《夏热冬冷地区居住建筑节能设计标准》（JGJ 134—2010）、《夏热冬暖地区居住建筑节能设计标准》（JGJ 75—2012）降低 60%～75% 以上。

（3）近零碳建筑和零碳建筑。近零碳建筑（Nearly Zero Carbon Building）的定义为：适应气候特征与场地条件，在满足室内环境参数的基础上，通过优化建筑设计降低建筑用能需求，提高能源设备与系统效率，充分利用可再生能源和建筑蓄能，符合标准相关技术规定的建筑。零碳建筑（Zero Carbon Building）的定义为：适应气候特征与场地条件，在满足室内环境参数的基础上，通过优化建筑设计降低建筑用能需求，提高能源设备与系统效率，充分利用可再生能源和建筑蓄能，在实现近零碳建筑基础上，可结合碳排放权交易和绿色电力交易等碳抵消方式，符合标准相关技术规定的建筑。

2. 健康建筑

（1）健康建筑的发展背景。建筑是人们工作与生活的重要场所，人们约有 90% 的时间在建筑空间中度过。研究表明，因建筑环境污染使人罹患病态建筑综合征（Sick Building Syndrome，SBS）的病例逐年增加，其临床表现主要为呼吸道炎症、头痛、咽干、眼睛发炎或流涕等。因此，建筑环境的健康性能对人体健康具有重要的影响。

国内外早在 20 世纪 70 年代起即逐步重视住宅建筑中的健康因素。世界卫生组织（WHO）提出"健康住宅 15 条标准"，美国设立国家健康住宅中心，法国通过立法和政策支持发展健康住宅，加拿大对满足健康和节能要求的住宅颁发"Super E"认证证书，日本出版了《健康住宅宣言》指导住宅建设与开发，我国于 2001 年发布了《健康住宅建设技术要点》。

进入 21 世纪以来，随着经济发展水平的提高，人们对生活质量的注重也进一步提高，更加向往美好的生活。但雾霾天气、建筑室内空气污染、饮用水安全、食品安全等问题严重影响了人们的生活品质。通过提升建筑健康性能，改善上述问题，是推动城乡建设领域高质量发展的重要途径。

（2）健康建筑评价标准。2021 年，中国建筑学会发布了《健康建筑评价标准》（T/ASC 02—2021）。在该标准中，将健康建筑定义为"在满足建筑功能的基础上，提供更加健康的环境、设施和服务，促进使用者的生理健康、心理健康和社会健康，实现健康性能提升的建筑"。

该标准的评价以全装修建筑群、单栋建筑或建筑内区域为评价对象。评价阶段可分为设计评价和运行评价。设计评价在施工图完成之后进行；运行评价在建筑通过竣工验收并投入使用一年后进行。

该标准遵循多学科融合原则，充分吸纳了包括建筑、公共卫生、心理学、食品学等多学科领域的研究成果，建立了涵盖生理、心理、社会三个方面健康要素的评价指标系统。该评价指标系统由空气、水、舒适、健身、人文、服务六类组成，每类指标包括控制项和评分项，并单独设置了提高与创新加分项。当进行设计评价时，对空气、水、舒适、健身、人文五类指标进行评价；当进行运行评价时，对六类指标全部进行评价。

健康建筑评价指标体系六类指标评分项的满分值为 100 分，加分项的附加得分最多可计 10 分。健康建筑的评价等级可分为铜级、银级、金级、铂金级四个等级。四个等级的健康建筑均应满足标准所有控制项的要求，当总得分分别达到 40 分、50 分、60 分、80 分时，健康建筑等级分别为铜级、银级、金级、铂金级。

（3）美国 WELL 评价标准。2014 年 10 月，国际健康建筑研究院（International WELL Building Institute，IWBI）发布了 WELL v1 建筑标准，并由国际健康建筑研究院（IWBI）和绿色认证事业机构（Green Business Certification Inc，GBCI）共同合作管理，是全球范围内首部体系较为完整、专门针对人体健康提出的健康建筑评价标准，旨在实施、验证和衡量那些支持与促进人体健康的干预性措施。2018 年 5 月，该标准更新为 WELL v2。

WELL v2 标准适用于所有类型的建筑。该评价指标系统由空气、水、营养、光、运动、热舒适、声环境、材料、精神和社区，总共十个类别组成；每个类别都包含具有不同健康目标的条款，条款可分为先决条件和优化条件。先决条件是认证的必备条件，先决条件中的所有部分都是强制性的；优化条件是项目为达到 WELL 标准而选择的得分条款。

WELL 为每个项目提供 110 个分值，当项目达到所有先决条件和一定数量的分值时，可以获得不同级别的认证：银级 50 分，金级 60 分，铂金级 80 分。需要注意的是，项目在每个评价指标类别上至少获得 2 分，且不超过 12 分。

（4）健康建筑与绿色建筑的关联。健康建筑与绿色建筑存在以下主要差别：

1）体系立足点的差别。绿色建筑的关注对象是建筑本体及其周边环境，强调的是建筑及其周边环境自身的性能表现。健康建筑的关注对象是建筑中的人的健康，强调的是建筑及其周边环境对人的身心健康的正面影响。

2）技术侧重的差别。绿色建筑的技术侧重从建筑全寿命周期内资源高效利用、降低环境影响角度以及良好的室内环境品质出发，无论是中国绿色建筑标准的"五大性能"还是美国 LEED 或英国 BREEAM 等，其技术体系均围绕这三大主题。健康建筑则是围绕如何促进人体健康，从建筑的设计、建造、运营三个维度出发，建构涵盖包含空气、水、舒适度、健身、人文等诸多方面的技术体系。

健康建筑与绿色建筑存在以下主要联系。

1）事物发展的不同阶段。健康建筑可以视为绿色建筑的下一个细分方向，或是人们越发关注健康的时代背景下，对绿色建筑中"健康"性能的可感知性需要进一步凸显的更高要求。

2）技术措施的相似性。绿色建筑和健康建筑在部分关注室内环境品质的技术措施方面具有一定的一致性，如强调促进自然采光、控制室内污染物浓度等。因此，当一个建筑采用了某种绿色建筑评价技术体系时，在某些方面也会贡献到健康建筑技术体系中的相应得分。

小　结

本学习情境系统阐述了本书关联的课程和学习基础，包括建筑材料、建筑物理、建筑设备三方面基础知识；简要介绍了绿色建筑评价的标准，包括中国绿色建筑评价标准、LEED 评价标准、BREEAM 评价标准的目标与专家资质分类；简述了中国大陆地区建筑节能标准的发展历程，以及各类热工分区使用的条文概况；从建筑设计、机电技术两方面阐述了常用的绿色建筑与建筑节能策略；最后对零碳建筑、健康建筑等概念进行了解析。

课后习题

单选题

1. 以下特性不属于绿色建筑的特性的是（　　）。

　　A. 与周边自然环境协调融合

　　B. 减少对自然资源和地球环境的负荷

　　C. 提升建筑经济性能表现

　　C. 创造舒适健康的人类活动空间

2. 以下（　　）是现行《绿色建筑评价标准》(GB/T 50378—2019) 的评价指标体系。

　　A. 节地与室外环境、节能与能源利用、节水与水资源利用、节材与材料资源利用、室内环境质量、运营管理

　　B. 节地与室外环境、节能与能源利用、节水与水资源利用、节材与材料资源利用、室内环境质量、施工管理、运营管理

　　C. 安全耐久、健康舒适、生活便利、资源节约、环境宜居

　　D. 选址与交通、可持续场址、用水效率、能源与大气、材料与资源、室内环境质量

3. 全球首部绿色建筑评价标准是（　　）。

　　A. LEED

　　B. BREEAM

　　C. 《绿色建筑评价标准》(GB/T 50378)

　　D. DGNB

4. 以下（　　）具有出具评估报告的资格。

　　A. 项目团队负责人

　　B. LEED AP

　　C. BREEAM AP

　　D. BREEAM Licensed Assessor

5. 以下（　　）资质不能通过考试获得。

　　A. LEED GA

　　B. LEED AP

　　C. LEED Fellow

　　D. BREEAM AP

6. 以下（　　）的早期版本是国内最早的建筑节能工程标准。

　　A. 《公共建筑节能设计标准》(GB 50189)

　　B. 《绿色建筑评价标准》(GB/T 50378)

　　C. 《民用建筑热工设计规范》(GB 50176)

　　D. 《严寒和寒冷地区居住建筑节能设计标准》(JGJ 26)

7. 全国有（　　）个不同的建筑热工设计气候区划，有（　　）部针对不同建筑热工设计气候区划的建筑节能工程标准。

　　A. 4，4　　　　　　B. 5，4　　　　　　C. 5，5　　　　　　D. 6，5

8. 以下（　　）建筑热工设计气候区划的设计原则是"应满足冬季保温要求，部分地区兼顾夏季防热"。

A. 寒冷地区   B. 夏热冬冷地区

C. 温和地区   D. 严寒地区

9. 以下（ ）概念来自国家标准。

A. 净零碳建筑   B. 近零能耗建筑

C. 健康建筑   D. 节能建筑

10. 以下措施适宜于夏季避免直接得热的是（ ）。

A. 南向采用落叶植物

B. 提高南向窗墙比

C. 加强外窗的气密性，避免热空气渗入室内

D. 冷热桥的保温处理

扫码练习并查看答案

学习情境二

节能分析

活页式表单　　　　　PPT

知识目标 ●

说出节能分析依据的规范名称及编号；说出中国建筑热工分区、保温材料、导热系数、热桥、遮阳形式、体形系数等基础概念。

能力目标 ●

能运用软件建立节能模型，并输出节能报告；能针对报告反馈的问题，提出初步解决方案。

素养目标 ●

通过数字软件建立模型，提升信息素养和工程思维，通过排查模型问题、分析报告，培育工匠精神和科学精神。

典型工作环节 ●

典型工作环节如图 2-1 所示。

图 2-1　典型工作环节

（1）前期准备。收集项目图纸、国家及地方标准、规范、图集；识读图纸；安装软件。

（2）创建模型。创建基本模拟模型，包括墙、柱、梁、门窗等。

（3）设置参数。内容包括：项目基本参数，如地理位置、执行标准等；项目热工参数，包括建筑围护结构设计参数和室内热环境设计参数。其中，围护结构构造设计，可根据前期收集当地材料，与设计说明同等厚度试算，与设计方或业主方讨论，结合试算结果明确围护结构清单；项目设备系统参数，包括空调系统类型、系统参数及其他的设备系统参数等。

（4）节能计算。检查模型设置并运行围护结构节能检查。

（5）输出报告。复核指标权衡是否满足标准，按照每个地区的申报表格样式制作报告。根据具体项目要求，可将数据、材料按照文本固定样式，排版在审图部门规定的图纸模板里。

每一工作环节均可按照"资讯—计划—实施—检查—评价"开展学习。

环节一　前期准备

（1）项目图纸：全套施工图纸、效果图。

（2）主要标准规范与图集：

1）《建筑节能与可再生能源利用通用规范》（GB 55015—2021）。

2）《公共建筑节能设计标准》（GB 50189—2015）。

3）《民用建筑热工设计规范》（GB 50176—2016）。

4）《绿色建筑评价标准》（GB/T 50378—2019）。

前期准备

5）地方节能标准。

（3）软件安装（图2-2）：

1）如果使用账号（手机号）登录，则选择在线使用版；

2）如果使用针对一台计算机的单机锁，则选择单机版；

3）如果使用针对整个班级的集体锁，则选择网络版。

成功安装软件后，登录BECS的初始界面如图2-3所示。

常用调整界面快捷键如下。

左侧屏幕菜单不显示：Ctrl+F12 或 Ctrl+Fn+F12。

调出右侧属性面板：Ctrl+1。

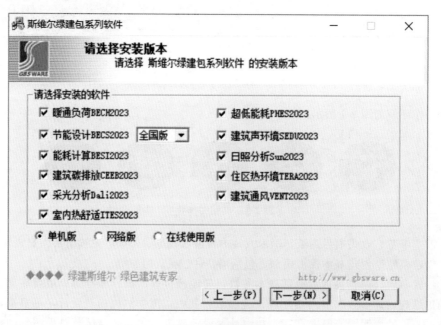

图2-2　软件安装

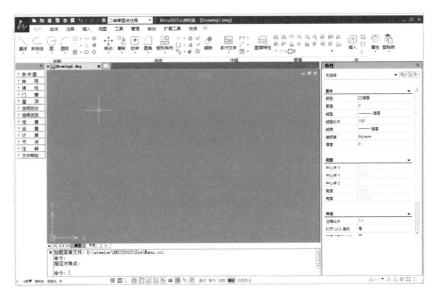

图 2-3　BECS 软件初始界面

环节二　创建模型

步骤 1：导入图纸。

节能模型是后续分析共用的基础模型。

（1）导图。建立基础模型前，需检查工程平面图 CAD 和天正的版本，综合考虑到碳排放计算当前仅支持 2014 以内版本的 CAD 文件，T5～T8 版本的天正文件导入模拟分析软件中才附带高度信息，推荐导出文件版本为 2010 版 Auto CAD，天正 T8（图 2-4）。

导出后可另建文件夹保存，将文件夹和 DWG 文件均重新命名为"节能模型"。

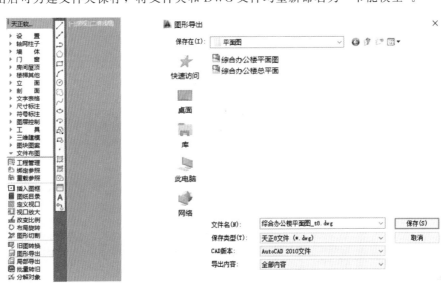

导入图纸

图 2-4　天正中转存文件版本界面

> **实际工程中 Revit 导入方式是否常用？**
>
> 不常用，目前设计院建筑设计直接采用 Revit 建模并不是主流；现阶段仍主要以天正为主。
>
> 目前斯维尔系列软件仅支持 2016～2020 版本的 Revit。

（2）打开文件。打开"节能设计 BECS"软件，在 BECS 软件中打开重新命名的"节能模型"，即原来的综合办公楼平面图（2010CAD＋T8）图纸。

注意："节能模型"在 BECS 中打开后，会自动生成后缀为"swr_workset.ws"的信息文件（图 2-5），一个文件夹下只可存在一个"swr_workset.ws"文件，不同的模型的信息文件不可放在同一文件夹下，否则工程设置等配置文件会重复或冲突，同时，如果需要复制模型，需要连同信息文件一起复制。

图 2-5　在 BECS 中打开文件

打开文件后找不到图纸，执行【视图】→【俯视】命令（图 2-6）。

（3）检查三维信息。在空白处单击鼠标右键，执行【视图设置】→【西南轴侧】命令（图 2-7），滚动鼠标滚轮，检查图纸是否具备三维信息（T5 以上格式都具备三维信息），以及信息是否完整。

图 2-6　视图面板导航图纸

确认无误后，在空白处单击鼠标右键，执行【视图设置】→【平面图】命令（图 2-7），返回初始界面。

图 2-7　检查三维信息

步骤 2：简化图面。

为减少图面信息干扰，需简化图纸。节能模型主要由平面图生成，可删除图中的立剖面图和大样图。为方便模拟，在平面图选择 1 个对齐点，排列整齐。

简化图面

执行左侧菜单【检查】→【关键显示】命令（图 2-8），按 Enter 键或单击鼠标右键确定，在【是否显示轴线】中选择【是】。

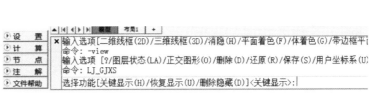

图 2-8　使用菜单命令关键显示简化图面

【关键显示】命令还可直接在命令栏输入首字母拼音"GJXS"调出（图 2-9）；或者在界面空白处单击鼠标右键，选择【关键显示】命令。

如果显示【没有发现网络服务，禁止使用!】保存文件即可解决（图 2-10）。

图 2-9　使用命令面板关键显示简化图面　　　图 2-10　常见问题提示框

步骤 3：调墙柱高。

在 AutoCAD 中绘制平面图时，设计师可能并未准确设置墙柱高度等三维信息，需根据立剖面图信息复核 BECS 平面图中墙柱高度，如有不符合的情况，需调整墙柱高度。

调墙柱高

（1）逐层修改墙高：单击任一墙体，按 Ctrl＋1 键调出"特性"面板，检查墙体高度、标高信息是否正确，如不正确，可按下面方式批量调整。

在平面图中框选墙体高度一致的部分，按 Ctrl＋1 键调出"特性"面板，选择【墙】，系统会自动筛选出墙体，在下方统一修改标高、高度、宽度、墙类型数据（图 2-11）。

在"特性"面板中，标高是指墙体底部相对层间线的高差，高度是指墙体总高度，软件默认高度以 mm 计量。

例如，办公楼一层⑥～⑳轴墙体从±0.000 标高开始，墙体总高度为 4 800 mm，则设置为标高 0，高度 4 800；①～⑥轴侧墙体从－0.500 标高开始，墙体总高度为 5 300 mm，则设置为标高－500，高度 5 300（图 2-12）。

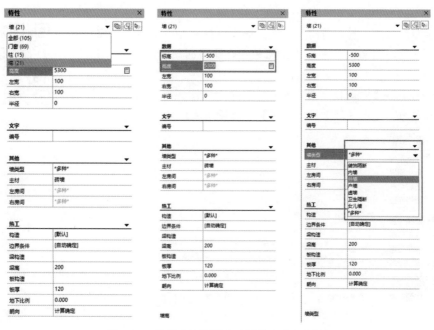

图 2-11　使用特性面板修改墙体高度与类型

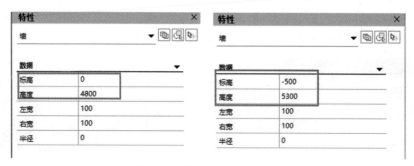

图 2-12　标高和高度的区别

在本项目中，可按照框选一层①～⑥轴外墙，①～⑥轴内墙，⑥～⑳轴外墙，⑥～⑳轴内墙顺序逐步调整墙体高度和内外类型。

依此类推，修改 2～6 层墙体，各楼层墙柱标高和高度设置如图 2-13 所示。

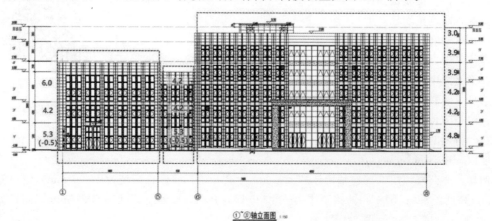

图 2-13　综合办公楼标高及高度信息示意

5.3（−0.5）代表高度 5 300 mm，标高−500 mm，4.2 即高度 4 200 mm，标高为 0，未标注括号表示标高为 0。

另一种调整方式是在"命令"菜单中，执行【墙柱】→【改高度】命令，输入新的高度，单击"确定"按钮，输入新的底标高（底标高读取建筑标高，而不是结构标高），在【是否维持窗墙底部间距不变】中选择【是】（图 2-14）。

图 2-14　使用命令面板修改墙柱高度

为什么底标高读取建筑标高，而不是结构标高，也不是室外最低点？

因为节能模拟考虑的是挖空的空间，建筑饰面层以上才是真正的室内空间，建筑面层以下结构标高以上的部分，是饰面层，并不是空间，故在计算时不予考虑。以本办公楼为例，多功能厅部分建筑标高为−0.5 m，结构标高为−0.55 m，设置底标高时取−500，而不是−550（图 2-15）。

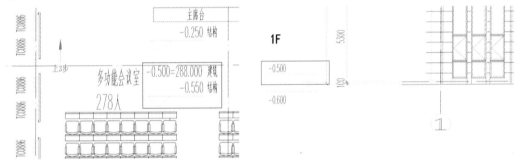

图 2-15　墙体信息设置示意

是否维持窗墙底部间距不变，是什么意思？

窗墙底部间距，可理解成窗台高。该处软件设问的是：墙体高度修改以后，附着在墙上的门窗是否需要变换位置，如墙体原高为 3 000 mm，窗台高为 900 mm；墙体修改成 4 000 mm 后，选是，则窗墙底部间距还是 900 mm；选否，则窗墙底部间距会相应抬高，变成 1 900 mm。

注意：窗台高度是否准确不影响节能计算，节能仅关注洞口面积大小，但窗台高度会影响后续的通风和采光计算，所以为实现一模多算，需要保证门窗等洞口的三维信息准确，门窗洞口高度可在后续步骤中统一调整。

（2）逐层修改柱高：按照批量修改墙高方式，逐层检查并修改柱子高度（图 2-16）。

步骤 4：建楼层框。

通过建楼层框，软件可以识别出每一楼层。

（1）绘制图框：为保持图面工整，并将图纸同位置上下对齐，或者左

建楼层框

右对齐。同时预先在各层平面图绘制大小一致、位置对齐的矩形图框，输入"REC"命令绘制矩形框，方便下一步点选位置（图 2-17）。

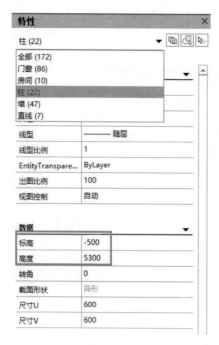

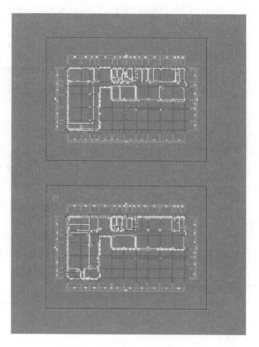

图 2-16　修改柱子高度示意

图 2-17　建矩形框示意

（2）建楼层框：执行左侧菜单命令栏【空间划分】→【建楼层框】命令；或直接输入命令"JLCK"；或在空白处单击鼠标右键，选择【建楼层框】命令（图 2-18）。后续常用命令都可用这 3 种方式调取，不再复述。

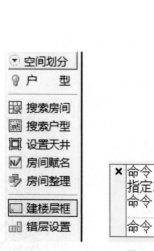

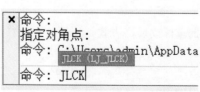

图 2-18　建楼层框 3 种方式示意

任务栏提示如下。

第一个角点：单击红色矩形图框一点。

另一个角点：单击红色矩形框对角点。

对齐点：选择整栋楼从上到下都贯通的一点，如从上到下贯通的某个柱子角点。

层号：输入数值 1。如果存在标准层，如 2～5 层都是标准层，则输入 2～5。

层高：输入从层间线开始的各层层高。

定义完在图框左下角，会出现如图 2-19 所示的信息，该信息表示该楼层为一层，层高为 4 800 mm。

图 2-19　楼层框左下角信息

重复刚才的步骤，定义完所有楼层。

楼层号不能间断，不能重复，间断会提示模型不完整，重复无法进行模型观察。楼层号的 0 层默认为总图的楼层号。如果有地下室，则定义负的楼层号。

同一层层高不同时，可"就低不就高"。例如：办公楼一层层高，①～⑥轴部分为 5 300 mm，⑥～⑳轴部分为 4 800 mm，可"就低不就高"统一将【高度】设置为 4 800 mm，①～⑥轴部分通过调整"标高"来实现墙体向下延伸。

步骤 5：搜索房间。

通过搜索房间，可让软件区分模型中的具体房间，便于下一步参数设置，同时搜索房间后软件将生成三维模型，需结合模型核对整栋建筑的图元尺寸，确保与设计意图一致，是本环节最关键的步骤。

（1）搜索 1F 房间：执行菜单栏【空间划分】→【搜索房间】命令，弹出【房间生成选项】对话框；注意勾选【更新原有房间编号和高度】复选框，其他参数默认（图 2-20）。

搜索房间

图 2-20　房间生成选项信息卡设置示意

鼠标光标移至图中，在图中框选同一层全部平面图元，单击鼠标右键确定。系统可能会出现如图 2-21 所示的提示。

选择"是"。

出现多个提示时，继续选择"是"。整层围护结构墙柱形成闭合多段线后，提示会消失，如反复提示则需要手动连接墙体，并重新搜索房间。

点选建筑面积的标注位置：必须标注在楼层框内部，如可点选在左下角。

单击鼠标右键，选择【模型观察】命令，可以看到已建好的一层三维模型（图2-22）。

软件会自动生成屋顶，可暂时搁置，等全部楼层建完即可恢复常规状态。

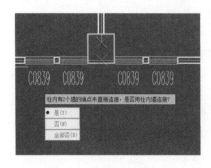
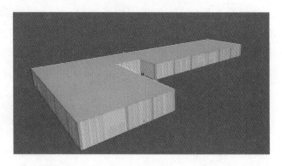

图2-21　图元连接提示框　　　　　图2-22　搜索房间后的第一层三维模型

自动连接后柱子内部墙体呈现斜线怎么办？

自动连接后柱子内部墙体呈现斜线，可手动调整成90°直角连接。如果不修改，模型将显示斜线或缺角（图2-23、图2-24），需要重新修改好后，再次搜索房间。注意修改完所有标红的部分，均需要重新搜索房间。

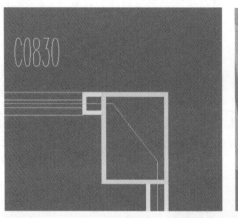

图2-23　柱子内部为斜角导致生成斜面

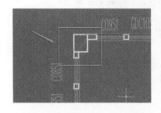

图2-24　柱子内部为斜角导致缺角及修改

在搜索房间后，可通过三维模型视图，直观复核每一层图元与CAD图纸是否一致。建一层复核一层，逐层核对，可减少错漏。

推荐核对顺序：墙→柱→门→窗→楼板→屋顶。

（2）复核1F墙柱尺寸：本项目需关注⑤轴与⑥轴之间走廊存在高差，走廊南侧外墙左右高度不同，为简化模型、减少出错概率，在对结果影响微弱情况下，可将高差平移到箭头处⑥轴位置，故走廊南侧外墙高度左右不分段，统一为标高−500，高度 5 300（图 2-25）。

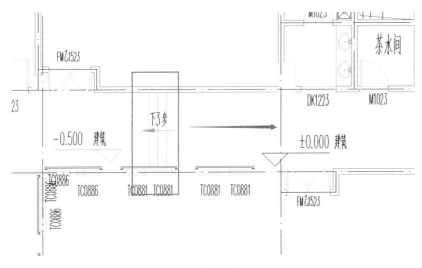

图 2-25 高差处墙体处理示意

一层⑥轴处的柱子高度，可按较低的 4 800 mm 设置。

（3）复核 1F 门窗尺寸：可按照"先门后窗、先外后内"顺序依次核对尺寸，即"外门→内门→外窗→内窗（如有）"顺序核对。

门联窗：如①轴和②轴间的 MC1546 为门联窗，上部亮子下部门，该门联窗整体为玻璃，其热传导效果与玻璃窗类似，可简化建模为一个完整玻璃窗，并设置开启比例。

尺寸阶段可先仅调整整体尺寸，从平立面图中读取其宽 1 500 mm、高 4 600 mm、门底部从±0.000 线向下偏移 500 mm。点选该门，按 Ctrl＋1 键调出特性面板，将尺寸调整如图 2-26 所示。

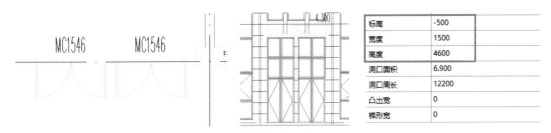

图 2-26 普通门尺寸复核示意

幕墙：办公楼建筑主次入口均存在幕墙，如 MQ9683，该类幕墙可分解到每一层，考虑到全部是玻璃，可按照玻璃窗来建模。例如，在一层可分解为 4 个门联窗（MC1848）和 1 个窗户（MQ2448），二层以上则全部为窗户，高度按照本层实际的高度计算（图 2-27）。

图 2-27 幕墙尺寸复核示意

防火门：按照门的实际尺寸复核（图 2-28）。

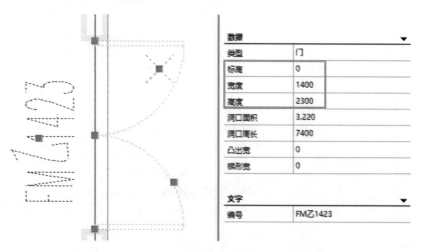

图 2-28　防火门尺寸复核示意

上下两层连通的窗户：可按照幕墙的建模方式，分层建模。如办公楼①轴和②轴间的 TC0986，可以分解成一层 TC0951、二层 TC0935（图 2-29）。

图 2-29　上下通窗尺寸复核示意

（4）复核 1F 楼板信息：⑥轴左右存在高差，点选房间名字调整①～⑥轴楼板标高，但走廊左右联通，无法单独调整标高，需在高差处建 1 段墙体分割房间（图 2-30）。

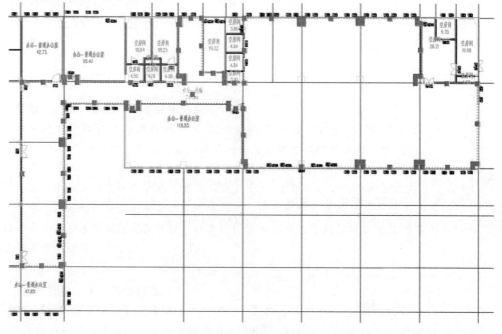

图 2-30　左右走廊联通

　　执行【墙柱】→【绘制墙体】命令，在高差处绘制墙体，并在特性面板设置为虚墙，墙体标高为−500。虚墙不要直接在已有墙体上拉伸绘制，单独绘制能减少故障（图 2-31）。

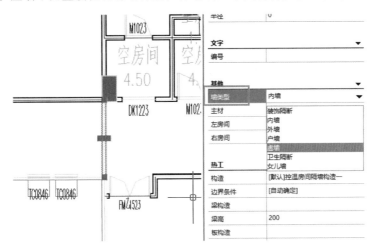

图 2-31　高差处绘制虚墙

　　删除一层走廊所在房间，重新搜索房间，单独选择左右两边的房间名称，调整地板标高，①～⑥轴标高为−500，⑥～⑳轴标高为 0（图 2-32）。

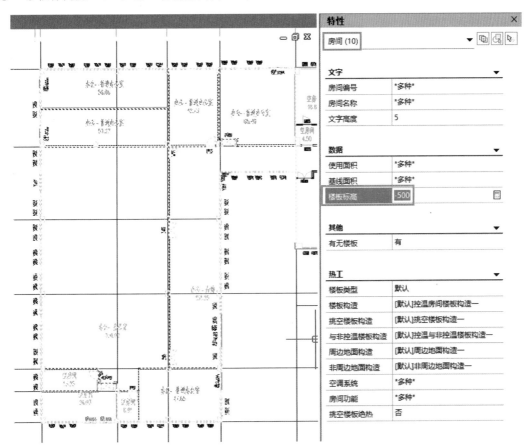

图 2-32　调整①～⑥轴楼板标高

调整地板高度后，单击鼠标右键，选择【模型观察】命令可观察到⑥轴交接处存在高差（图 2-33）。

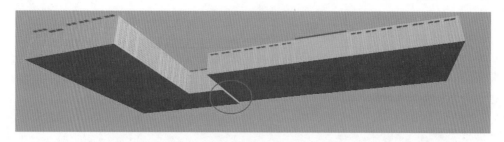

图 2-33　地板高差示意

一层完成后，逐层搜索房间，通过模型观察，从三维图中检查图元是否准确绘制。

（5）复核 2F 信息：二层同理按照"墙→柱→门→窗→楼板"顺序依次复核图元信息，其中需特殊处理的为二层门厅上空，需要在栏杆位置处绘制虚墙（图 2-34），在搜索房间后，需将该房间地板调整为"无"（图 2-35、图 2-36）。

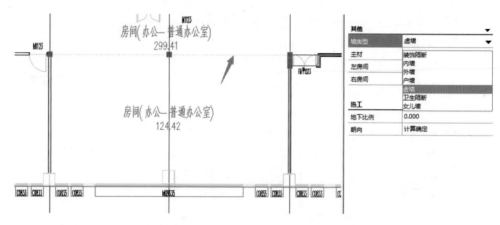

图 2-34　二层门厅上空栏杆处绘制虚墙

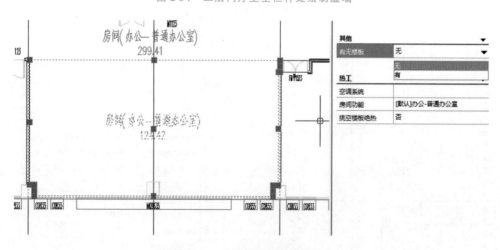

图 2-35　二层门厅上空楼板挖空

（6）复核 3～6F 信息：按照"墙→柱→门→窗→楼板→屋顶"顺序依次复核图元信息。系统会自动生成屋顶，但需要特别注意三层左侧多功能厅部分屋顶需要单独抬高（图 2-37）。

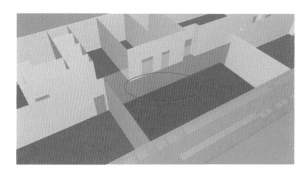

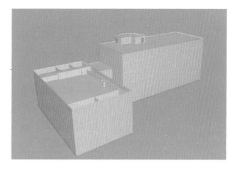

图 2-36　模型中二层门厅上空半透明形态　　　　　图 2-37　三层屋顶初始状态

如何抬升 3F 屋顶呢？总体建模思路为将 3F 屋顶轮廓复制到 4F，并设置抬升高度。

首先，在 3F 走廊中绘制一段墙体，使多功能厅形成完整轮廓，高度为 6 m（图 2-38）。

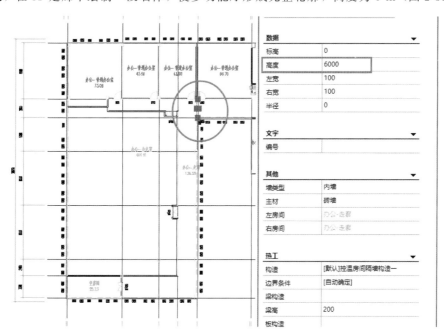

图 2-38　绘制三层走廊墙体

其次，框选 3F 多功能部分墙体，执行【屋顶】→【搜屋顶线】命令，单击鼠标右键确定，偏移距离输入 0，再单击鼠标右键确定（图 2-39）。

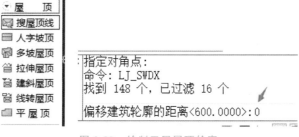

图 2-39　绘制三层屋顶轮廓

29

复制搜索出的屋顶多段线，原位粘贴到4F，执行【屋顶】→【平屋顶】命令，板厚保持默认，单击多段线（图2-40）。

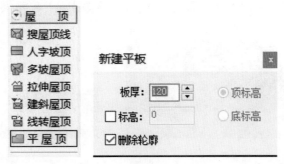

图2-40 将轮廓转为平板

最后，设置屋顶标高为1800，通过三维视图观察，屋顶已经抬升（图2-41、图2-42）。

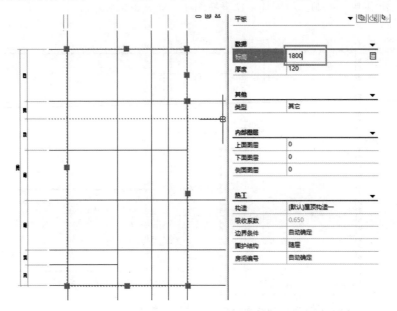

图2-41 设置平板（屋顶）高度

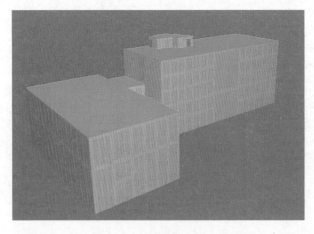

图2-42 三层屋顶抬升后状态

> **原来的屋顶怎么删除?**
>
> 三层建了屋顶,下面的屋顶会自动消失,如果没消失,检查屋顶轮廓是否原位对齐,对齐后重新设置。注意:墙中线是软件识别的基准,上下必须对齐,否则容易出现模型错位。

步骤 6:门窗整理。

门窗洞口大小和编号,会影响节能报告的输出,需要整理。

执行菜单栏【门窗】→【门窗整理】命令(图 2-43),或者在下方命令栏输入"MCZL",按 Enter 键确定,可以调出门窗整理面板。

首先,核对尺寸。再次从编号核对模型与平面图中门窗的高宽是否一致。

其次,信息补缺。检查所有门窗所有信息是否存在缺失,对所有未编号门窗编号。单击未编号的门窗,系统可自动索引,可根据宽度和高度信息录入新的编号。

例如,本案例⑤轴幕墙门联窗编号缺失,可将编号拆分为三个部分:左右 2 个窗 C1853,中间 2 个门 M1288(图 2-44)。

考虑到幕墙两层的高度不一致,编号可以分两层按照实际门窗洞口大小。例如,M1288 在一层可以更改为一层 M1253、二层 M1235。

门窗整理

图 2-43 门窗整理命令

编号	新编号	宽度	高度	窗台
⊟18X53(2)	C1853	1800	5300	500
├─ 18X53⟨1⟩	C1853	1800	5300	500
└─ 18X53⟨2⟩	C1853	1800	5300	500
⊞21X15(4)		2100	1500	900
⊞30X15(4)		3000	1500	900
⊞33X15(4)		3300	1500	900
⊞39X15(2)		3900	1500	900
⊞BYC1717(1)	BYC1717	1700	1700	900
⊞BYC2117(1)	BYC2117	2100	1700	900
⊞C07^L50^L30(12)	C07^L50^L30	750	3000	0
⊞C0733(2)	C0733	700	3300	200
⊞C0830(116)	C0830	800	3000	
⊞C0833(137)	C0833	800	3300	200
⊟C0839(59)	C0839	800	3900	200
⊞C0851(46)	C0851	800	5100	200
⊞C0933(3)	C0933	900	3300	200
⊞C0951(28)	C0951	900		200
⊞C1224(1)	C1224	1200	750	900
⊞C1230(6)	C1230	1200	3000	
⊞C1233(5)	C1233	1200	3300	200
⊞C1239(2)	C1239	1200	3900	200
⊞C1430(2)	C1430	1400		200
⊞C1433(2)	C1433	1400	3300	200

图 2-44 检查⑤轴幕墙编号

步骤 7:模型检查。

建模完成后,需在软件中进行重叠、柱墙、强基、模型检查。

执行菜单【检查】→【重叠检查】命令（图 2-45），框选全部图纸，单击鼠标右键确定。

逐个消除重叠部分。

依此类推，执行【检查】→【柱墙检查】命令，框选全部图纸，单击鼠标右键确定，该功能目的在于检查柱子内部的墙有没连接错误，软件一般可以自动连接。

模型检查

依此类推，执行【检查】→【强基检查】命令，框选全部图纸，单击鼠标右键确定，该功能目的在于检查墙体之间是否连接错误，软件一般可以自动连接。

依此类推，执行【检查】→【模型检查】命令，框选全部图纸，单击鼠标右键确定，该功能目的在于检查房间、门窗的错误。对于大空间内断头的墙体，需要删除。

删除多余门窗以减少报错（图 2-46）。

图 2-45　重叠检查

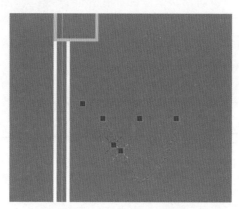

图 2-46　删除多余门窗

最终单击鼠标右键，选择【模型观察】命令，可得到整体三维模型，如图 2-47 所示。

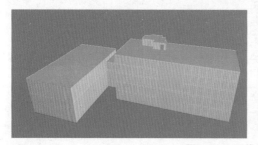
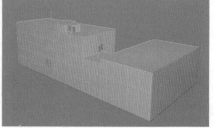

图 2-47　三维模型图

房间错误一直未消失怎么办？

单击房间名称，删除，重新搜索房间即可。

柱子处房间轮廓出现图 2-48 所示凸起怎么办？

房间轮廓出现凸起，一般为墙体中间存在短墙，可以框选删除短墙，拉直墙体。

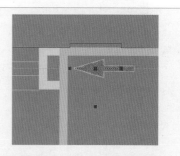

图 2-48　房间轮廓存在凸起

环节三　设置参数

参数主要包括工程信息、构造、门窗类型、遮阳、房间功能、系统分区六个方面。

步骤1：工程设置。

执行【设置】→【工程设置】命令，选择【地理位置】，单击【地理位置】右侧下拉箭头，选择"更多地点"选项，在弹出来的对话框中，双击选择"重庆"选项（图2-49）。其他项目根据实际项目地点选择。

地理位置确定后，软件会自动匹配该地建筑热工设计分区。如重庆为夏热冬冷区（图2-50）。

工程设置

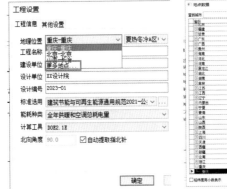

图2-49　选择工程地理位置　　　图2-50　建筑热工设计分区

什么是建筑热工设计分区？

根据最冷月平均温度和天数、最热月平均温度和天数一级指标，将我国划分为严寒、寒冷、夏热冬冷、夏热冬暖、温和五类建筑热工气候区（表2-1），再根据"历年采暖度日数平均值HDD18""历年空调度日数平均值CDD26"二级指标，将各类气候区细分为A、B、C区（表2-2）。——《民用建筑热工设计规范》（GB 50176—2016）。

表2-1　建筑热工设计一级区划指标及设计原则

一级区划	区划指标		设计原则
	主要指标	辅助指标	
严寒地区（1）	$t_{min \cdot m} \leqslant -10℃$	$145 \leqslant d_{\leqslant 5}$	必须充分满足冬季保温要求，一般可以不考虑夏季防热
寒冷地区（2）	$-10℃ < t_{min \cdot m} \leqslant 0℃$	$90 \leqslant d_{\leqslant 5} < 145$	应满足冬季保温要求，部分地区兼顾夏季防热
夏热冬冷地区（3）	$0℃ < t_{min \cdot m} \leqslant 10℃$ $25℃ < t_{max \cdot m} \leqslant 30℃$	$0 \leqslant d_{\leqslant 5} < 90$ $40 \leqslant d_{\geqslant 25} < 110$	必须满足夏季防热要求，适当兼顾冬季保温
夏热冬暖地区（4）	$10℃ < t_{min \cdot m}$ $25℃ < t_{max \cdot m} \leqslant 29℃$	$100 \leqslant d_{\geqslant 25} < 200$	必须充分满足夏季防热要求，一般可不考虑冬季保温

续表

一级区划	区划指标		设计原则
	主要指标	辅助指标	
温和地区（5）	$0\ ℃<t_{\min·m}≤13\ ℃$ $18\ ℃<t_{\max·m}≤25\ ℃$	$0≤d_{≤5}<90$	部分地区应考虑冬季保温，一般可不考虑夏季防热

注：最冷月平均温度 $t_{\min·m}$ 应为每年一月平均温度的平均值；最热月平均温度 $t_{\max·m}$ 应为每年七月平均温度的平均值。——《民用建筑热工设计规范》（GB 50176—2016）。

表 2-2　建筑热工设计二级区划指标及设计要求

二级区划名称	区划指标		设计要求
严寒 A 区（1A）	$6\ 000≤HDD18$		冬季保温要求极高，必须满足保温设计要求，不考虑防热设计
严寒 B 区（1B）	$5\ 000≤HDD18<6\ 000$		冬季保温要求非常高，必须满足保温设计要求，不考虑防热设计
严寒 C 区（1C）	$3\ 800≤HDD18<5\ 000$		必须满足保温设计要求，可不考虑防热设计
寒冷 A 区（2A）	$200≤HDD18$ $<3\ 800$	$CDD26≤90$	应满足保温设计要求，可不考虑防热设计
寒冷 B 区（2B）		$CDD26>90$	应满足保温设计要求，宜满足隔热设计要求，兼顾自然通风、遮阳设计
夏热冬冷 A 区（3A）	$1\ 200≤HDD18<2\ 000$		应满足保温、隔热设计要求，重视自然通风、遮阳设计
夏热冬冷 B 区（3B）	$700≤HDD18<1\ 200$		应满足隔热、保温设计要求，强调自然通风、遮阳设计
夏热冬暖 A 区（4A）	$500≤HDD18<700$		应满足隔热设计要求，宜满足保温设计要求，强调自然通风、遮阳设计
夏热冬暖 B 区（4B）	$HDD18<500$		应满足隔热设计要求，可不考虑保温设计，强调自然通风、遮阳设计
温和 A 区（5A）	$CDD26<10$	$700≤HDD18<2\ 000$	应满足冬季保温设计要求，可不考虑防热设计
温和 B 区（5B）		$HDD18<700$	宜满足冬季保温设计要求，可不考虑防热设计

注：$CDD26$：以 26 ℃为基准的空调度日数；$HDD18$：以 18 ℃为基准的采暖度日数。

依次输入以下信息：

工程名称：综合办公楼。

建设单位：××开发公司。

设计单位：××设计院。

设计编号：2023—01。

标准选用：建筑节能与可再生能源通用规范 2021—公共建筑—甲类（图 2-51）。

为什么选择甲类标准？

单栋建筑面积大于 300 m² 的建筑，或单栋建筑面积小于或等于 300 m² 但总建筑面积大于 1 000 m² 的建筑群，应为甲类公共建筑。单栋建筑面积小于或等 300 m² 的建筑，应为乙类公共建筑。——《建筑节能与可再生能源利用通用规范》（GB 55015—2021）。

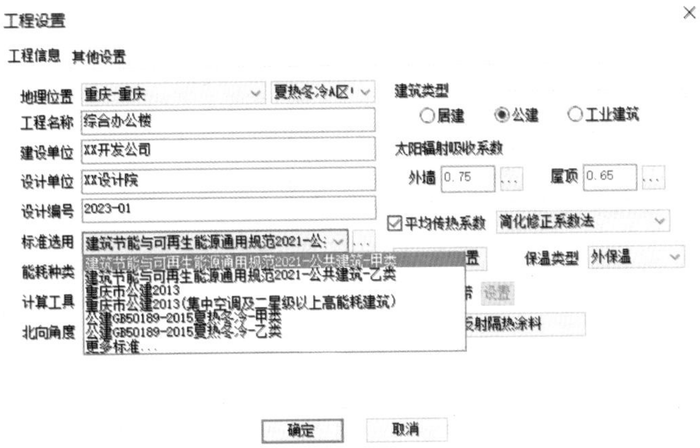

图 2-51　全国建筑热工设计分区区划图

如需修改标准，则单击【更多标准】，弹出【选择节能标准】对话框，软件会根据地理位置自动匹配所在地适用的标准（图 2-52）。

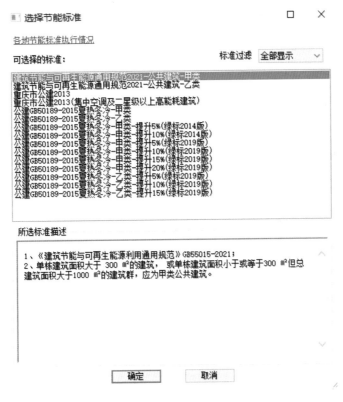

图 2-52　【选择节能标准】对话框

绿色建筑与建筑节能

能耗种类：软件格局所选择的标准自动匹配。

北向角度：本工程直接指定 90°，也可框线自动提取指北针。

执行菜单【注解】→【指北针】命令，将指北针放置在楼层框内（图 2-53）。

图 2-53 放置指北针

建筑类型：公建。

太阳辐射吸收系数：单击右侧三个小点，弹出材料选择框。本工程外墙选择"46 大理石"，太阳辐射吸收系数 $\rho = 0.75$；屋顶选择"48 混凝土"，太阳辐射吸收系数 $\rho = 0.65$（图 2-54）。

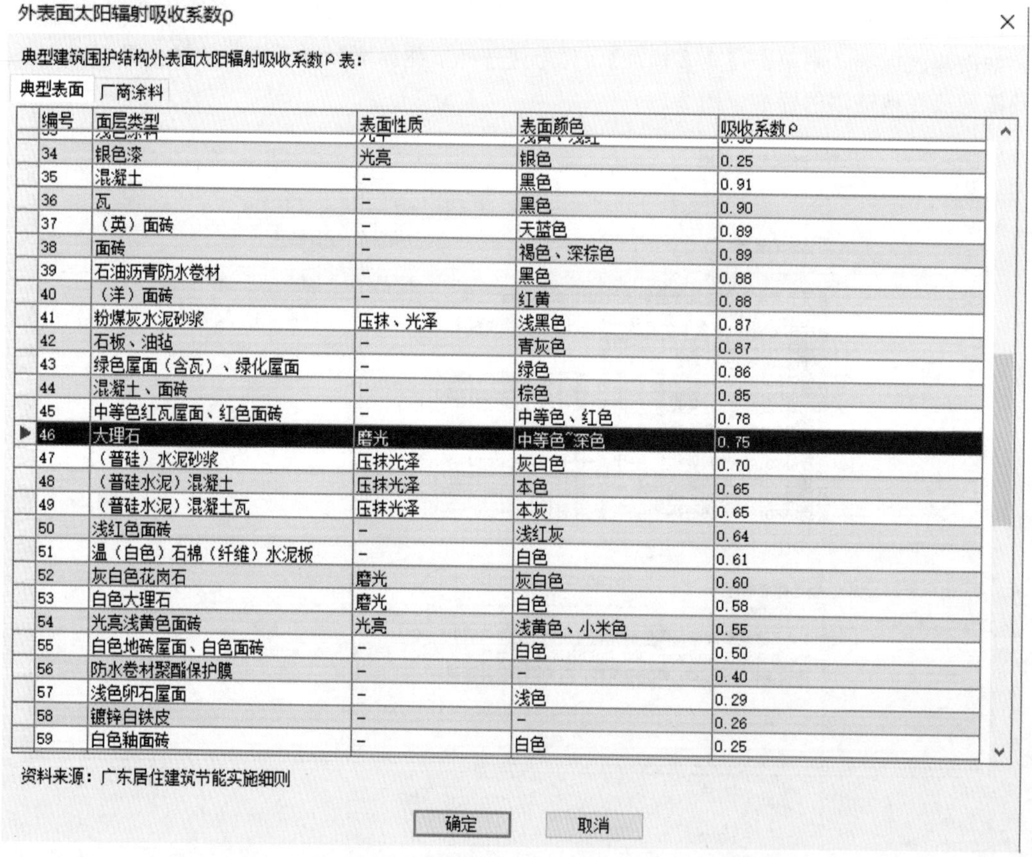

外表面太阳辐射吸收系数ρ   ×

典型建筑围护结构外表面太阳辐射吸收系数ρ表：

典型表面 厂商涂料

编号	面层类型	表面性质	表面颜色	吸收系数ρ
		光亮	浅黄、浅红	0.56
34	银色漆	光亮	银色	0.25
35	混凝土	—	黑色	0.91
36	瓦	—	黑色	0.90
37	（英）面砖	—	天蓝色	0.89
38	面砖	—	褐色、深棕色	0.89
39	石油沥青防水卷材	—	黑色	0.88
40	（洋）面砖	—	红黄	0.88
41	粉煤灰水泥砂浆	压抹、光泽	浅黑色	0.87
42	石板、油毡	—	青灰色	0.87
43	绿色屋面（含瓦）、绿化屋面	—	绿色	0.86
44	混凝土、面砖	—	棕色	0.85
45	中等色红瓦屋面、红色面砖	—	中等色、红色	0.78
▶ 46	大理石	磨光	中等色~深色	0.75
47	（普硅）水泥砂浆	压抹光泽	灰白色	0.70
48	（普硅水泥）混凝土	压抹光泽	本色	0.65
49	（普硅水泥）混凝土瓦	压抹光泽	本灰	0.65
50	浅红色面砖	—	浅红灰	0.64
51	温（白色）石棉（纤维）水泥板	—	白色	0.61
52	灰白色花岗石	磨光	灰白色	0.60
53	白色大理石	磨光	白色	0.58
54	光亮浅黄色面砖	光亮	浅黄色、小米色	0.55
55	白色地砖屋面、白色面砖	—	白色	0.50
56	防水卷材聚酯保护膜	—	—	0.40
57	浅色卵石面	—	浅色	0.29
58	镀锌白铁皮	—	—	0.26
59	白色釉面砖	—	白色	0.25

资料来源：广东居住建筑节能实施细则

确定   取消

图 2-54 典型建筑围护结构外表面太阳辐射吸收系数 ρ

什么是太阳辐射吸收系数？

太阳辐射吸收系数（Solar Radiation Absorbility Factor）：表面吸收的太阳辐射热与投射到其表面的太阳辐射热之比。太阳辐射吸收系数对中国南方地区影响较大，与屋顶、外墙的外表面颜色和粗糙度有关。——《民用建筑热工设计规范》（GB 50176—2016）。

平均传热系数：选择简化修正系数法，为工程中最常用方法（图 2-55）。

图 2-55　平均传热系数计算方法

保温类型：外保温。

完整工程信息如图 2-56 所示。

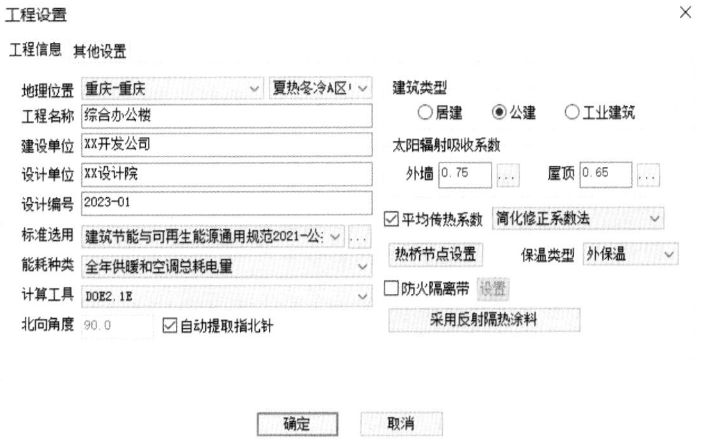

图 2-56　工程设置信息

单击工程设置面板中右侧的【其他设置】，选择结构类型：框架结构，其他信息保持默认，单击【确定】按钮，关闭对话框（图 2-57）。

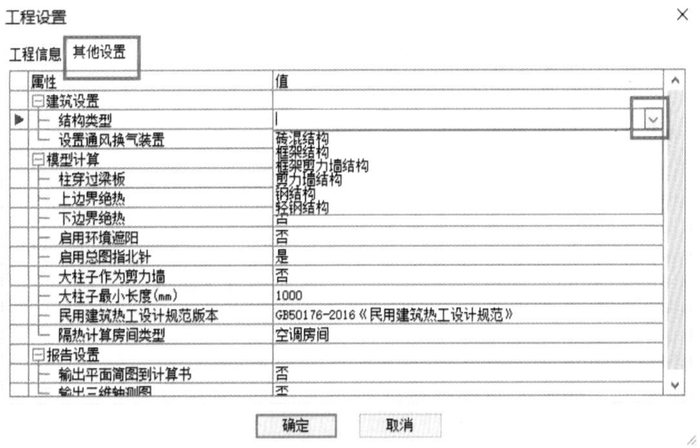

图 2-57　选择结构类型

步骤2：工程构造。

围护结构构造，对节能模拟结果影响显著。当地气候、本地材料资源情况、建设方要求均直接影响构造形式，在实际工程中需反复调整优化，本工程展示一套推敲成熟的构造做法。

执行【设置】→【工程构造】命令，在弹出的对话框中，按顺序逐项设置构造层次（图2-58）。

工程构造

图 2-58　工程构造设置面板

（1）设置外围护结构构造。

单击【屋顶构造一】，下方会出现系统预设的构造材料；单击材料右侧按钮【□】，即可更换材料。进入【材料】页面，单击材料右侧出现的按钮【□】，单击进入系统预设材料库（图2-59）。

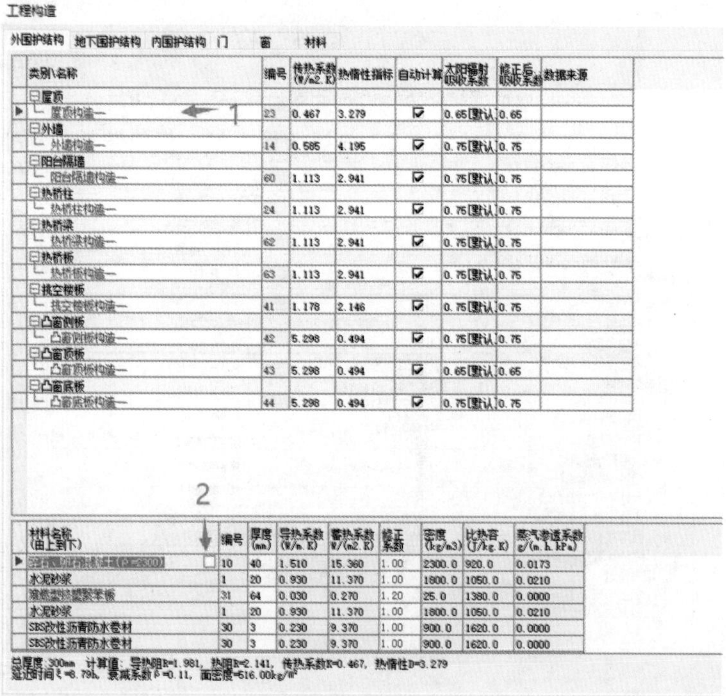

图 2-59　修改屋顶构造

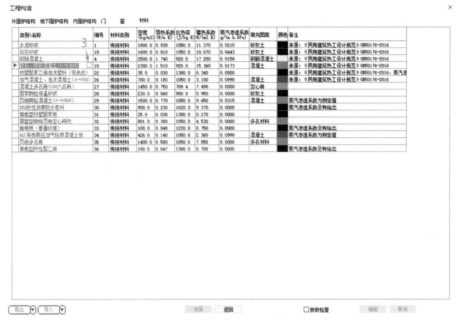

图 2-59　修改屋顶构造（续）

在"材料库"中，选择符合本工程的材料，选定材料后，单击页面上方【OK】按钮进行确定（图 2-60）。如果仅找到近似材料，可选用到【材料】页面后，根据项目实际情况更改名字与参数。

图 2-60　材料库

返回到材料构造页面，修改厚度、修正系数。

单击材料左侧蓝色箭头并拖拽可调整材料上下顺序。

在全部材料完成后可单击【插入图中】按钮，将构造层次大样插入图中任意位置，方便直观检查（图 2-61）。

材料名称 （由上到下）	编号	厚度 (mm)	导热系数 W/(m.K)	蓄热系数 W/(m2.K)	修正 系数	密度 (kg/m3)	比热容 (J/kg.K)	蒸汽渗透系数 g/(m.h.kPa)
碎石、卵石混凝土（ρ=2300）	10	40	1.510	15.360	1.00	2300.0	920.0	0.0173
水泥砂浆	1	20	0.930	11.370	1.00	1800.0	1050.0	0.0210
挤塑聚苯乙烯泡沫塑料	31	64	0.030	0.270	1.20	25.0	1380.0	0.0000
水泥砂浆	1	20	0.930	11.370	1.00	1800.0	1050.0	0.0210
SBS改性沥青防水卷材	30	3	0.230	9.370	1.00	900.0	1620.0	0.0000
SBS改性沥青防水卷材	30	3	0.230	9.370	1.00	900.0	1620.0	0.0000

总厚度：300mm　计算值：导热R=1.981，热惰R=2.141，传热系数D=0.467，热惰性=3.279
延迟时间=-8.79h，衰减系数β=0.11，面密度=516.00kg/m²

插入图中

图 2-61　构造详图插入图中

依次类推，完成外墙、内墙、地面、楼板构造层次设置，本工程构造材料清单罗列如下。

屋顶构造一（由上到下）（图 2-62）：

第 1 层：碎石、卵石混凝土 2 300（40.0 mm）保护层。

第 2 层：水泥砂浆（20.0 mm）找平层。

第 3 层：难燃型挤塑聚苯板（64.0 mm，修正系数 1.2）保温层。

第 4 层：水泥砂浆（20.0 mm）结合层。

第 5 层：SBS 改性沥青防水卷材（3.0 mm）防水层。

第 6 层：SBS 改性沥青防水卷材（3.0 mm）防水层。

第 7 层：页岩陶粒混凝土（30.0 mm）找坡层。

第 8 层：钢筋混凝土（120.0 mm）结构层。

材料名称 （由上到下）	编号	厚度 (mm)	导热系数 (W/m.K)	蓄热系数 W/(m2.K)	修正 系数	密度 (kg/m3)	比热容 (J/kg.K)	蒸汽渗透系数 g/(m.h.kPa)
▶ 碎石、卵石混凝土（ρ=2300）	10	40	1.510	15.360	1.00	2300.0	920.0	0.0173
水泥砂浆	1	20	0.930	11.370	1.00	1800.0	1050.0	0.0210
难燃型挤塑聚苯板	31	64	0.030	0.270	1.20	25.0	1380.0	0.0000
水泥砂浆	1	20	0.930	11.370	1.00	1800.0	1050.0	0.0210
SBS改性沥青防水卷材	30	3	0.230	9.370	1.00	900.0	1620.0	0.0000
SBS改性沥青防水卷材	30	3	0.230	9.370	1.00	900.0	1620.0	0.0000
页岩陶粒混凝土（ρ=1500）	29	30	0.770	9.650	1.00	1500.0	1050.0	0.0315
钢筋混凝土	4	120	1.740	17.200	1.00	2500.0	920.0	0.0158

图 2-62　屋顶构造

难燃型挤塑聚苯板是一种常见保温材料，用于倒置式屋面施工时，施工厚度应按计算厚度增加 25%［详见《倒置式屋面工程技术规程》（JGJ 230—2010）］，故本工程可以按照 64 mm 进行设计和模拟，实际工程的施工厚度为 80 mm。工程中一般按照 4 mm 为一个厚度单元来调整设计厚度，该材料用于屋面保温时，其修正系数应为 1.2。

什么是保温材料？

保温材料指的是导热系数低于或等于 0.12 的建筑材料，主要品种包括软瓷保温材料、硅酸铝保温材料、酚醛泡沫材料、无机保温砂浆、胶粉聚苯颗粒系统、挤塑板、聚苯板、橡塑保温材料、松散保温材料、多孔保温材料等。

什么是导热系数（thermal conductivity, heat conduction coefficient）？

导热系数是在稳态条件和单位温差作用下，通过单位厚度、单位面积匀质材料的热流量，单位为 W/m·K。

通俗地说，导热系数就是材料传导热量的能力，即 1 m² 的单位面积材料，厚度为 1 m，两侧温差为 1℃时，1 s 内从高温处向低温处传导的热量，其数值可通过试验测定（图 2-63）。导热系数是表征材料保温性能的重要指标，数值越低，表明材料保温效果越好。

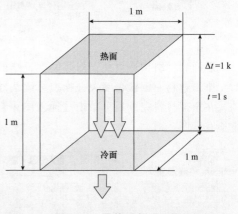

图 2-63　导热系数原理图

部分常见材料导热系数见表 2-3。

表 2-3　部分常见材料导热系数

名称	温度/℃	导热系数/[W·(m·K)$^{-1}$]	名称	温度/℃	导热系数/[W·(m·K)$^{-1}$]	名称	温度/℃	导热系数/[W·(m·K)$^{-1}$]
银	100	412	水银	28	8.36	甲烷	0	0.029
铜	100	377	氢化钙溶液	30	0.55	氮	0	0.024
铁	18	61	乙醇	20	0.24	氢	0	0.017
混凝土	0~100	1.28	水	30	0.62	空气	0	0.024
玻璃	30	1.09				空气	100	0.031
建筑砖	20	0.69						
锯末	20	0.052						
软木	30	0.043						

各类材料的详细参数从哪里查阅？

以重庆为例，可从重庆市《居住建筑节能 65％绿色建筑设计标准》(DBJ 50—071—2016)附录，《民用建筑热工设计规范》(GB 50176—2016) 附表中查询。其他地区依次类推，结合节能地标与热工规范查询。

外墙构造一（由外到内）（图 2-64）：

第 1 层：水泥砂浆（5.0 mm）找平黏结层。

第 2 层：岩棉板（垂直纤维）（40.0 mm，修正系数 1.2）保温层。

第 3 层：水泥砂浆（20.0 mm）找平层。

第 4 层：厚壁型烧结页岩空心砌块（外壁厚≥25 mm，孔排数≥7 排，孔洞率≥45％）砌体（200.0 mm）结构层。

第 5 层：水泥砂浆（20.0 mm）找平黏结层。

材料名称（由外到内）	编号	厚度(mm)	导热系数(W/m.K)	蓄热系数 W/(m2.K)	修正系数	密度(kg/m3)	比热容(J/kg.K)	蒸汽渗透系数 g/(m.h.kPa)
▶ 水泥砂浆	1	5	0.930	11.370	1.00	1800.0	1050.0	0.0210
岩棉板（垂直纤维）	33	40	0.048	0.750	1.20	100.0	1220.0	0.0000
水泥砂浆	1	20	0.930	11.370	1.00	1800.0	1050.0	0.0210
厚壁型烧结页岩空心砌块	32	200	0.300	4.530	1.00	801.0	1050.0	0.0000
水泥砂浆	1	20	0.930	11.370	1.00	1800.0	1050.0	0.0210

图 2-64　外墙构造

为什么外墙不定义饰面层？

因本工程饰面层为外挂石材，与找平层之间存在并不密闭的空腔，因空腔密闭性不够，可认定找平层与室外空气直接接触，在实际工程中需考虑最不利情况，在不加饰面层情况下，如果能达到规范要求，则可认定墙体围护结构能满足要求。另外，因面层在节能计算完成后，改动概率相对较大，对比其对节能的改善，工程实际考虑合理性，以不计算为宜。依次类推，对节能性能改善微弱的黏结层（很薄）也可忽略。

保温材料的性能计算一般会有修正系数，岩棉板（垂直纤维）应用于外墙保温一般为1.2〔详见重庆市《岩棉板薄抹灰外墙外保温系统应用技术标准》(DBJ 50/T—315—2019)〕；热桥部分的保温材料通常应与砌体外墙的保温材料一致，且根据防火要求，保温材料应采用A级不燃材料。

热桥柱构造一（由外到内）：

第1层：水泥砂浆（20.0 mm）找平层。

第2层：岩棉板（垂直纤维）（40.0 mm，修正系数1.2）保温层。

第3层：水泥砂浆（20.0 mm）找平层。

第4层：钢筋混凝土（200.0 mm）结构层。

第5层：石灰砂浆（20.0 mm）找平层。

热桥梁构造一（由外到内）：

第1层：水泥砂浆（20.0 mm）找平层。

第2层：岩棉板（垂直纤维）（40.0 mm，修正系数1.2）保温层。

第3层：水泥砂浆（20.0 mm）找平层。

第4层：钢筋混凝土（200.0 mm）结构层。

第5层：石灰砂浆（20.0 mm）找平层。

热桥板构造一（由外到内）：

第1层：水泥砂浆（20.0 mm）找平层。

第2层：岩棉板（垂直纤维）（40.0 mm，修正系数1.2）保温层。

第3层：水泥砂浆（20.0 mm）找平层。

第4层：钢筋混凝土（120.0 mm）结构层。

第5层：石灰砂浆（20.0 mm）找平层。

什么是热桥？

热桥是围护结构中热流强度显著增大的部位。柱子、梁、板因内配较多钢筋，常成为围护结构中的热桥。

其他参数保持默认。

热桥柱、梁、板结构层厚度如何确定？

从平面中读取空调房间外墙柱子最小截面尺寸为500 mm，梁宽为200 mm，板厚为120 mm，如果土建设计图纸已经定型且不会修改，则可以按照这个尺寸定义。

但是在具体项目实操时，我们设置结构层厚度，常规按照板120（100）、梁、柱200来考虑，一是为降低在节能计算中的反复（节能设计目前是和土建同步的，按照土建设计图纸设置，就意味着结构调整柱子厚度，节能结算就需同步调整，增加重复计算工作量）；二是最不利设计考虑，如果常规厚度设计计算出来的保温层厚度能达到标准，无论结构怎么修改尺寸，都能满足节能设计要求。

(2) 设置地下围护结构构造。

执行【地下围护结构】→【周边地面构造一】命令（图2-65）。在此处定义地坪层构造。

周边地面是指与外墙内表面水平距离2m以内的地面；非周边地面是指除周边地面外的其

42

他地面，都属于地坪层，此处区分是软件计算识别更精确的一种规则，设置时构造层次一致。

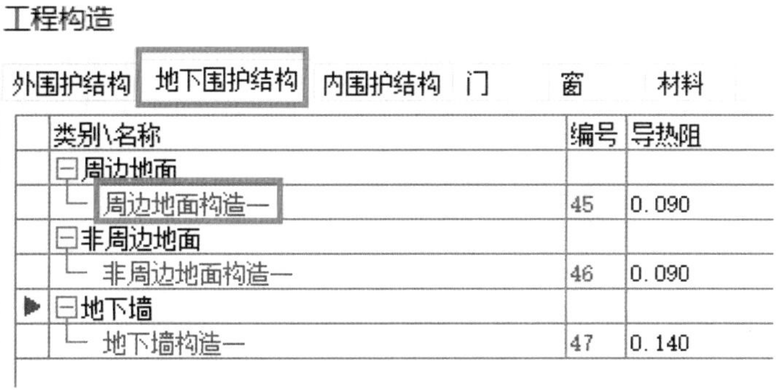

类别\名称	编号	导热阻
⊟周边地面		
└ 周边地面构造一	45	0.090
⊟非周边地面		
└ 非周边地面构造一	46	0.090
⊟地下墙		
└ 地下墙构造一	47	0.140

图 2-65　设置地下围护结构构造

周边地面构造一、非周边地面构造一（由上到下）（图 2-66）：

第 1 层：碎石、卵石混凝土（ρ=2 300）（40.0 mm）保护层。

第 2 层：难燃型挤塑聚苯板（50.0 mm）保温层。

第 3 层：SBS 改性沥青防水卷材（3.0 mm）防水层。

第 4 层：钢筋混凝土（100.00 mm）垫层。

材料名称（由上到下）	编号	厚度(mm)	导热系数(W/m.K)	蓄热系数W/(m2.K)	修正系数	密度(kg/m3)	比热容(J/kg.K)	蒸汽渗透系数g/(m.h.kPa)
碎石、卵石混凝土(ρ=2300)	10	40	1.510	15.360	1.00	2300.0	920.0	0.0173
难燃型挤塑聚苯板	31	50	0.030	0.270	1.2	25.0	1380.0	0.0000
SBS改性沥青防水卷材	30	3	0.230	9.370	1.00	900.0	1620.0	0.0000
钢筋混凝土	4	100	1.740	17.200	1.00	2500.0	920.0	0.0158

图 2-66　周边地面构造

“地下墙”本工程不涉及，可保持默认。按照重庆节能地标《公共建筑节能（绿色建筑）设计标准》（DBJ50—052）规定，重庆地区的地面应做保温，其他地区地面是否做保温，应根据地区标准或国家标准进行处理。

为什么软件要区分周边和非周边地面?

由于室内热量通过地面传到室外的路程长短不同，即热阻值不同，靠近外墙的室内地面，距离室外路程短，热阻值小，传热量大；反之远离外墙的地面热阻值大，传热量小，离外墙 8 m以上的地面，传热量基本不变。在工程上一般采用近似方法计算，把地面沿外墙平行的方向分成四个计算地带（每 2 m 为一个地带，2 m 以外地面按第四地带考虑），所以，在软件上区分了周边和非周边地面计算。

(3) 设置内围护结构构造。

1) 楼梯间隔墙、非控温隔墙类型、控温与非控温隔墙（图 2-67）：

第 1 层：水泥砂浆（20.0 mm）找平层。

第 2 层：页岩多孔砖（200.0 mm）结构层。

第 3 层：石灰砂浆（20.0 mm）找平层。

材料名称	编号	厚度 (mm)	导热系数 (W/m.K)	蓄热系数 W/(m2.K)	修正 系数	密度 (kg/m3)	比热容 (J/kg.K)	蒸汽渗透系数 g/(m.h.kPa)
▶ 水泥砂浆	1	20	0.930	11.370	1.00	1800.0	1050.0	0.0210
页岩多孔砖	35	200	0.580	7.850	1.00	1400.0	1050.0	0.0000
石灰砂浆	18	20	0.810	10.070	1.00	1600.0	1050.0	0.0443

图 2-67 非控温隔墙构造

2）户间隔墙、控温房间隔墙（图 2-68）：

第 1 层：水泥砂浆（20.0 mm）找平层。

第 2 层：ALC 条板蒸压加气轻质混凝土板（200.0 mm）结构层。

第 3 层：石灰砂浆（20.0 mm）找平层。

材料名称	编号	厚度 (mm)	导热系数 (W/m.K)	蓄热系数 W/(m2.K)	修正 系数	密度 (kg/m3)	比热容 (J/kg.K)	蒸汽渗透系数 g/(m.h.kPa)
▶ 水泥砂浆	1	20	0.930	11.370	1.00	1800.0	1050.0	0.0210
ALC条板蒸压加气轻质混凝土板	34	200	0.140	2.360	1.00	426.0	1050.0	0.0998
石灰砂浆	18	20	0.810	10.070	1.00	1600.0	1050.0	0.0443

图 2-68 控温隔墙构造

3）控温房间楼板、控温与非控温楼板（图 2-69）：

第 1 层：水泥砂浆（20.0 mm）黏结找平层。

第 2 层：碎石、卵石混凝土（$\rho = 2\,300$）（40.0 mm）保护层。

第 3 层：难燃型改性聚乙烯（5.0 mm）保温隔声层。

第 4 层：钢筋混凝土（120.0 mm）结构层。

材料名称	编号	厚度 (mm)	导热系数 (W/m.K)	蓄热系数 W/(m2.K)	修正 系数	密度 (kg/m3)	比热容 (J/kg.K)	蒸汽渗透系数 g/(m.h.kPa)
▶ 水泥砂浆	1	20	0.930	11.370	1.00	1800.0	1050.0	0.0210
碎石、卵石混凝土(ρ =2300)	10	40	1.510	15.360	1.00	2300.0	920.0	0.0173
难燃型改性聚乙烯	36	5	0.047	0.700	1.20	100.0	1380.0	0.0000
钢筋混凝土	4	120	1.740	17.200	1.00	2500.0	920.0	0.0158

图 2-69 楼板构造

（4）设置门窗构造。

本工程中门未作特殊要求，可保持默认设置。修改外窗构造，其他不涉及可不定义。窗户参数可从建筑设计说明中读取。

窗：隔热铝合金型材 $Kf = 5.8$ W/（m² · K）（窗框窗洞面积比 20%）（6+12A+6Low-E 玻璃）。

热工性能：传热系数 2.20 W/（m² · K），太阳得热系数东南西 0.3，北 0.35，气密性为 6 级，可见光透射比 0.62（图 2-70）。

怎么确定窗户传热系数？

把模型建立完整后，执行【计算】→【窗墙比】命令，得到项目窗墙面积比（图 2-71）。根据《建筑节能与可再生能源利用通用规范》（GB 55015—2021），查出传热系数限值。

图 2-70　外窗构造

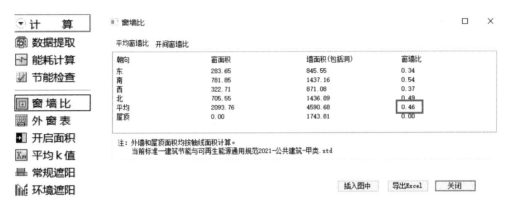

图 2-71　计算窗墙比

工程中常用的外窗型材有哪些呢？

最常用的型材是铝合金型材，但近年来市场上外窗型材类型在不断扩充，如聚氨酯、铝木复合等，其型材的保温性能均比铝合金型材有大幅提升。在节能设计中，外窗是一个整体性工程，需要考虑整窗传热系数，因此提升外窗性能的方式，除用更好的型材，也可以用更好的玻璃。

设置完成后，本项目完整材料清单如图 2-72 所示。

类别\名称	编号	材料类别	密度(kg/m3)	导热系数(W/m.K)	比热容(J/kg.K)	蓄热系数(W/m2.K)	蒸汽渗透系数g/(m.h.kPa)	填充图案	颜色	备注
▶ 水泥砂浆	1	传统材料	1800.0	0.930	1050.0	11.370	0.0210	砂灰土		来源：《民用建筑热工设计规范》GB50176-2016
石灰砂浆	18	传统材料	1600.0	0.810	1050.0	10.070	0.0443	砂灰土		来源：《民用建筑热工设计规范》GB50176-2016
钢筋混凝土	4	传统材料	2500.0	1.740	920.0	17.200	0.0158	钢筋混凝土		来源：《民用建筑热工设计规范》GB50176-2016
碎石、卵石混凝土(ρ=2300)	10	传统材料	2300.0	1.510	920.0	15.360	0.0173	混凝土		来源：《民用建筑热工设计规范》GB50176-2016
挤塑聚苯乙烯泡沫塑料(带表皮)	22	传统材料	35.0	0.030	1380.0	0.340	0.0000			来源：《民用建筑热工设计规范》GB50176-2016，蒸汽渗
加气混凝土、泡沫混凝土(ρ=700)	26	传统材料	700.0	0.180	1050.0	3.100	0.0998	混凝土		来源：《民用建筑热工设计规范》GB50176-2016
混凝土多孔砖(190六孔砖)	27	传统材料	1450.0	0.750	709.4	7.490	0.0000	空心砖		
聚苯颗粒保温砂浆	28	传统材料	230.0	0.060	900.0	0.950	0.0000	砂灰土		
页岩陶粒混凝土(ρ=1500)	29	传统材料	1500.0	0.770	1050.0	9.650	0.0315	混凝土		蒸汽渗透系数为测定值
SBS改性沥青防水卷材	30	传统材料	900.0	0.230	1620.0	9.370	0.0000			蒸汽渗透系数没有给出
难燃型挤塑聚苯板	31	传统材料	25.0	0.030	1380.0	0.270	0.0000			
厚壁烧结页岩空心砌块	32	传统材料	801.0	0.400	1050.0	4.530	0.0000	多孔材料		
岩棉板(垂直纤维)	33	传统材料	100.0	0.048	1220.0	0.750	0.0140			
ALC条板 蒸压加气轻质混凝土板	34	传统材料	600.0	0.220	1050.0	3.590	0.0998	混凝土		蒸汽渗透系数为测定值
页岩多孔砖	35	传统材料	1400.0	0.580	1050.0	7.850	0.0000	多孔材料		
难燃型吹塑聚乙烯	36	传统材料	100.0	0.047	1380.0	0.700	0.0000			蒸汽渗透系数没有给出

图 2-72　完整材料清单

步骤 3：门窗类型。

（1）设置透光门。

在节能分析中，外门的透光部分需当作窗来计算。

对于全部透光的玻璃门，可以在建模时直接作为窗创建，如果已经创建为门，通过【门转窗】命令整体转为窗即可。

对于部分透光的门（如阳台门，上面亮子下面门），要把透光的部分当作窗，即门的上部分要转成窗，通过【门转窗】命令将门上部某高度范围转为窗即可。

如果条件图中有 Arch2006 或天正 T5－T6 格式的门联窗，系统可以直接识别为正确形式。

门窗类型

执行【门窗】→【门转窗】命令，选择【整个作为窗】选项，在平面中单击需要转为窗户的门，单击鼠标右键确定（图 2-73）。

图 2-73　玻璃材质的门转为窗户（透光门）

（2）设置门窗类型。

执行菜单【设置】→【门窗类型】（MCLX）命令，手动输入开启比例，具体数据需要逐一在立面图中框选并计算得出（图 2-74）。

门窗编号	数量	开启比例	有效通风面积比	气密性等级	玻璃距离外侧(mm)	外门窗类型	外门窗构造
BYC1717	1	0.300	0.300	6	0	普通外窗	[默认]铝塑复合型材+6Low-E+12A+6mm白透中空玻璃
BYC2117	1	0.300	0.300	6	0	普通外窗	[默认]铝塑复合型材+6Low-E+12A+6mm白透中空玻璃
C0730	1	0.300	0.300	6	0	普通外窗	[默认]铝塑复合型材+6Low-E+12A+6mm白透中空玻璃
C0830	127	0.500	0.500	6	0	普通外窗	[默认]铝塑复合型材+6Low-E+12A+6mm白透中空玻璃
C0833	139	0.300	0.300	6	0	普通外窗	[默认]铝塑复合型材+6Low-E+12A+6mm白透中空玻璃
C0839	59	0.300	0.300	6	0	普通外窗	[默认]铝塑复合型材+6Low-E+12A+6mm白透中空玻璃
C0851	46	0.300	0.300	6	0	普通外窗	[默认]铝塑复合型材+6Low-E+12A+6mm白透中空玻璃
C0933	3	0.300	0.300	6	0	普通外窗	[默认]铝塑复合型材+6Low-E+12A+6mm白透中空玻璃
C0951	28	0.300	0.300	6	0	普通外窗	[默认]铝塑复合型材+6Low-E+12A+6mm白透中空玻璃
C1224	1	0.300	0.300	6	0	普通外窗	[默认]铝塑复合型材+6Low-E+12A+6mm白透中空玻璃
C1230	6	0.300	0.300	6	0	普通外窗	[默认]铝塑复合型材+6Low-E+12A+6mm白透中空玻璃
C1233	5	0.300	0.300	6	0	普通外窗	[默认]铝塑复合型材+6Low-E+12A+6mm白透中空玻璃
C1239	2	0.300	0.300	6	0	普通外窗	[默认]铝塑复合型材+6Low-E+12A+6mm白透中空玻璃
C1430	2	0.300	0.300	6	0	普通外窗	[默认]铝塑复合型材+6Low-E+12A+6mm白透中空玻璃
C1433	2	0.300	0.300	6	0	普通外窗	[默认]铝塑复合型材+6Low-E+12A+6mm白透中空玻璃
GDC1010	1	0.300	0.300	6	0	普通外窗	[默认]铝塑复合型材+6Low-E+12A+6mm白透中空玻璃
MQ2448	1	0.300	0.300	6	0	普通外窗	[默认]铝塑复合型材+6Low-E+12A+6mm白透中空玻璃
MQ7235	1	0.300	0.300	6	0	普通外窗	[默认]铝塑复合型材+6Low-E+12A+6mm白透中空玻璃
MQ96114	1	0.300	0.300	6	0	普通外窗	[默认]铝塑复合型材+6Low-E+12A+6mm白透中空玻璃
MQ9632	1	0.300	0.300	6	0	普通外窗	[默认]铝塑复合型材+6Low-E+12A+6mm白透中空玻璃
MQ9635	1	0.300	0.300	6	0	普通外窗	[默认]铝塑复合型材+6Low-E+12A+6mm白透中空玻璃
MQ9637	1	0.300	0.300	6	0	普通外窗	[默认]铝塑复合型材+6Low-E+12A+6mm白透中空玻璃
TC0835	48	0.300	0.300	6	0	普通外窗	[默认]铝塑复合型材+6Low-E+12A+6mm白透中空玻璃
TC0846	4	0.300	0.300	6	0	普通外窗	[默认]铝塑复合型材+6Low-E+12A+6mm白透中空玻璃
TC0851	44	0.300	0.300	6	0	普通外窗	[默认]铝塑复合型材+6Low-E+12A+6mm白透中空玻璃
TC0935	21	0.300	0.300	6	0	普通外窗	[默认]铝塑复合型材+6Low-E+12A+6mm白透中空玻璃
TC0951	21	0.300	0.300	6	0	普通外窗	[默认]铝塑复合型材+6Low-E+12A+6mm白透中空玻璃
TC1853	1	0.300	0.300	6	0	普通外窗	[默认]铝塑复合型材+6Low-E+12A+6mm白透中空玻璃
TC1935	1	0.300	0.300	6	0	普通外窗	[默认]铝塑复合型材+6Low-E+12A+6mm白透中空玻璃
TC1951	2	0.300	0.300	6	0	普通外窗	[默认]铝塑复合型材+6Low-E+12A+6mm白透中空玻璃
透光门-M1221	1	0.300	0.300	6	0	普通外窗	[默认]铝塑复合型材+6Low-E+12A+6mm白透中空玻璃
透光门-M1223	1	0.300	0.300	6	0	普通外窗	[默认]铝塑复合型材+6Low-E+12A+6mm白透中空玻璃
透光门-MC1341	2	0.585	0.585	6	0	普通外窗	[默认]铝塑复合型材+6Low-E+12A+6mm白透中空玻璃
透光门-MC1441	1	0.585	0.585	6	0	普通外窗	[默认]铝塑复合型材+6Low-E+12A+6mm白透中空玻璃
透光门-MC1546	1	0.522	0.522	6	0	普通外窗	[默认]铝塑复合型材+6Low-E+12A+6mm白透中空玻璃
透光门-MC1844	2	0.545	0.545	6	0	普通外窗	[默认]铝塑复合型材+6Low-E+12A+6mm白透中空玻璃
透光门-MC1848	4	0.630	0.630	6	0	普通外窗	[默认]铝塑复合型材+6Low-E+12A+6mm白透中空玻璃
透光门-MC1853	2	0.509	0.509	6	0	普通外窗	[默认]铝塑复合型材+6Low-E+12A+6mm白透中空玻璃
透光门-MC1944	2	0.545	0.545	6	0	普通外窗	[默认]铝塑复合型材+6Low-E+12A+6mm白透中空玻璃
FMZ1423	1	1.000	1.000	4	0	外门	[默认]保温门（多功能门）
FMZ1523	1	1.000	1.000	4	0	外门	[默认]保温门（多功能门）
FM甲1523	2	1.000	1.000	4	0	外门	[默认]保温门（多功能门）

朝向 全部 ∨ ○按开启尺寸输入 ●按开启比例输入　　提取开启信息　条行修改　　　确定　取消

图 2-74　玻璃材质的门转为窗户（透光门）

> **开启比例逐一核算工作量很大，有无更简便的方法呢？**
>
> 目前各类分析软件均需手动逐一核算，无简便方法。在实际工程中，节能设计时一般尚未开始深化门窗大样，因此还存在缺少数据、无法准确核算门窗开启率问题，针对这一问题，通风软件 VENT 提供了"自定义门窗开启扇的功能"，可根据平面、立面图纸中的门窗图样，设置每个房间外窗实际有效开启面积，初步核定设计阶段的门窗开启是否合规。

步骤 4：遮阳类型。

软件中可将遮阳分为"平板遮阳""百叶遮阳""活动遮阳"。执行【设置】→【遮阳类型】命令（图 2-75）。

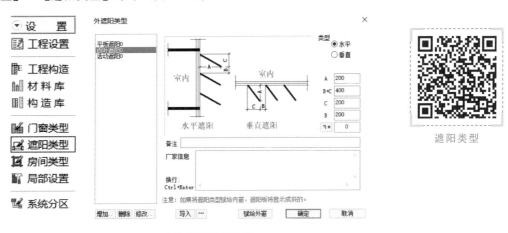

图 2-75 遮阳类型设置面板

本工程仅涉及百叶窗，工程应用中设置百叶窗的房间常为设备机房，或其他非采暖房间，在建模时可不考虑。但如果是采暖房间，就需要设置。一般门窗大样未给定百叶窗具体尺寸，可自行设置，本项目选择系统默认数据。

在百叶窗面板，调整好数据后，单击面板下方【赋给外窗】按钮，单击平面中的外窗即可。从本项目平面和立面图中，读取百叶窗位置信息，如二层北侧的办公室。设置后，模型中如图 2-76 和图 2-77 所示。

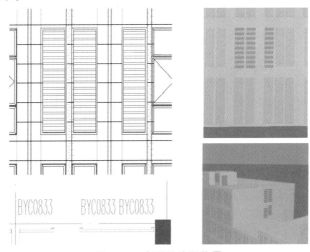

图 2-76 本项目遮阳位置

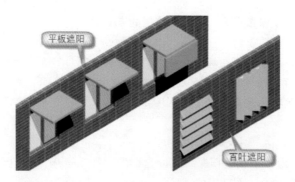

图 2-77　软件中遮阳类型示意

怎么按照不同朝向设计遮阳?

　　从构造形式上,遮阳可分为水平遮阳、垂直遮阳、挡板遮阳。对于北半球,太阳东升西降,光线主要从南侧进入建筑室内。主要应用朝向可简要总结为"水平遮阳—南向、垂直遮阳—北向、综合遮阳—南向、挡板遮阳—东西向"(图 2-78、图 2-79)。

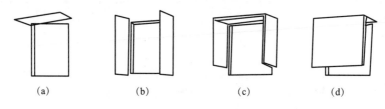

图 2-78　遮阳的形式
(a)水平遮阳;(b)挡板遮阳;(c)综合遮阳;(d)挡板遮阳

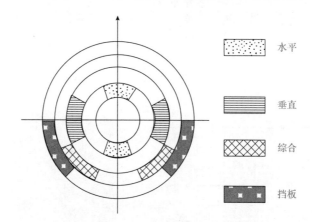

图 2-79　遮阳适应的朝向

　　步骤 5:房间类型。

　　定义房间类型,才能实现不同房间的差异化模拟。

　　执行【工程设置】→【房间类型】命令,选择具体的房间名称后,单击页面下方的【图选赋给】按钮,在平面图单击房间名称即可。

　　在弹出的【房间类型】对话框中,可查看该类房间的温度、湿度、新风量、人员密度等数据(图 2-80)。房间类型参数保持默认即可,设计阶

房间类型

段均采用国家标准规定值，如《公共建筑节能设计标准》(GB 50189—2015)、《建筑节能与可再生能源利用通用规范》(GB 55015—2021) 中的取值。

图 2-80　定义房间类型与参数

也可按 Ctrl＋1 键调出"特性"面板，在【房间功能】中调整。定义 1 个房间后，可通过格式刷"MA"命令，统一同类房间（图 2-81）。本项目主要涉及"空房间、会议室、办公室、走廊"4 种房间类型，"会议室、办公室、走廊"按照实际情况定义，其余的楼梯间、卫生间等非采暖房间均定义为"空房间"。

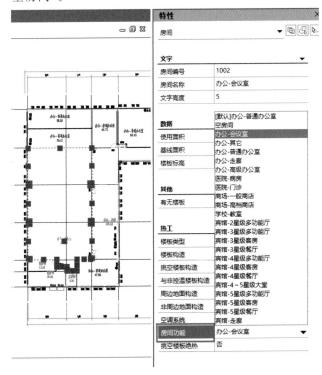

图 2-81　特性面板中调整房间功能

可通过执行【选择浏览】→【过滤选择】命令，快速定义同类名称或面积的房间（图 2-82）。

系统分区

图 2-82　过滤选择

步骤 6：系统分区。

执行菜单【设置】→【系统分区】命令，对空调系统进行分区控制（图 2-83）。

图 2-83　过滤选择

单击页面下方【新增】按钮，为本项目增加 2 个系统。右侧勾选房间，将走廊勾选在【Sys1】，将【空房间】勾选在【Sys2】，其余房间勾选在默认系统（图 2-84）。

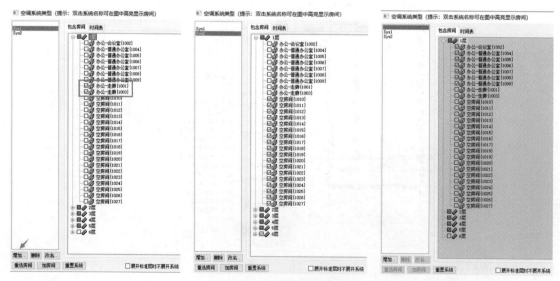

图 2-84　定义空调系统类型

定义 3 个空调系统的时间表如图 2-85 所示。

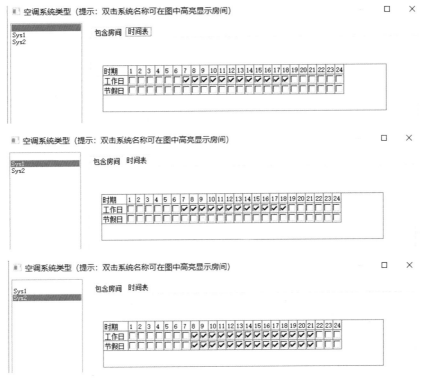

图 2-85　空调系统时间表

<h1 style="text-align:center">环节四　节能计算</h1>

步骤 1：数据提取。

执行菜单【计算】→【数据提取】命令，在弹出的对话框中执行【计算】→【确定保存】命令（图 2-86）。

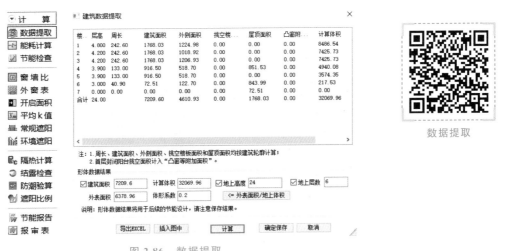

图 2-86　数据提取

> **什么是体形系数?**
>
> "体形系数"是建筑外表面积和建筑体积之比,反映建筑形态是否节能的一个重要指标。体形系数越小,意味着同一使用空间下,接触室外大气的面积越小,因此越节能。各地区体形系数限制从《建筑节能与可再生能源利用通用规范》(GB 55015—2021)第3页查询。

步骤2:能耗计算。

执行菜单【计算】→【能耗计算】命令,选择"设计建筑"命令,软件会自动调取DOE2计算内核。计算完成可在下方命令面板读取能耗计算结果(图2-87)。

能耗计算

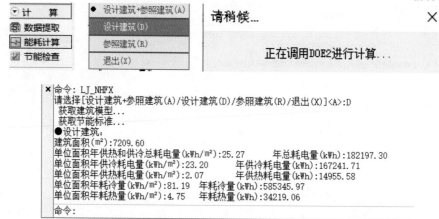

图2-87 能耗计算

步骤3:节能检查。

执行【计算】→【节能检查】命令,查看是否满足标准,如果不满足标准,且不可权衡判断的条目,合理修改,并记录修改部位(图2-88)。

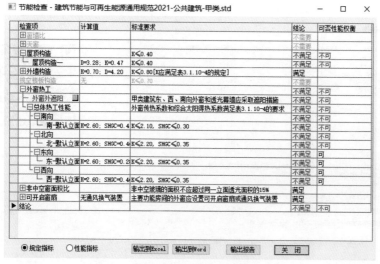

节能检查

图2-88 本项目节能检查结果

以本项目为例，先关注不满足标准且不可权衡项。

修改 1：屋顶构造。传热系数 K 不满足规范限制，计算值 $K=0.47$，规范要求 $K\leqslant 0.40$。

修改方案：修改保温层厚度。原保温材料厚度为 65 mm，修改为 77 mm 后，传热系数刚好满足规范要求，为使实际保温效果达到标准要求，可将厚度设计值调整为 80 mm（图 2-89）。

在实际工程中，根据《建筑材料及其制品产品规范》（GB/T 23932—2009）规定，厚度≤100 mm 的挤塑聚苯板，允许偏差为±5 mm，允许偏差仅适用于挤塑聚苯板的长度和宽度方向，不适用于板材的厚度方向。

	材料名称（由上到下）	编号	厚度（mm）	导热系数（W/m.K）	蓄热系数 W/(m2.K)	修正系数	密度（kg/m3）	比热容（J/kg.K）	蒸汽渗透系数 g/(m.h.kPa)
▶	碎石、卵石混凝土（ρ=230	10	40	1.510	15.360	1.00	2300.0	920.0	0.0173
	水泥砂浆	1	20	0.930	11.370	1.00	1800.0	1050.0	0.0210
	难燃型挤塑聚苯板	31	77	0.030	0.270	1.20	25.0	1380.0	0.0000
	水泥砂浆	1	20	0.930	11.370	1.00	1800.0	1050.0	0.0210
	SBS改性沥青防水卷材	30	3	0.230	9.370	1.00	900.0	1620.0	0.0000
	SBS改性沥青防水卷材	30	3	0.230	9.370	1.00	900.0	1620.0	0.0000

总厚度:313mm　计算值：导热阻R=2.342，热阻R=2.502，传热系数K=0.400，热惰性D=3.396
延迟时间ξ=9.10h，衰减系数β=0.11，面密度=516.33kg/㎡

图 2-89　修改屋顶构造

修改 2：【外窗热工】→【外窗外遮阳】。单击【外窗外遮阳】右侧按钮【□】，查看详细检查信息，提示东向、西向外窗和幕墙需增加遮阳措施（图 2-90）。

	⊟外窗热工			不满足	不可
▶	外窗外遮阳		甲类建筑东、西、南向外窗和透光幕墙应采取遮阳措施	不满足	不可
	⊟总体热工性能		外窗传热系数和综合太阳得热系数满足表3.1.10-4的要求	不满足	不可
	⊟南向			不满足	不可
	南-默认立面	K=2.60；SHGC=0.41	K≤2.10，SHGC≤0.30	不满足	不可
	⊟北向			不满足	不可
	北-默认立面	K=2.60；SHGC=0.46	K≤2.20，SHGC≤0.35	不满足	不可
	⊟东向			不满足	可
	东-默认立面	K=2.60；SHGC=0.28	K≤2.20，SHGC≤0.35	不满足	可
	⊟西向			不满足	可
	西-默认立面	K=2.60；SHGC=0.46	K≤2.20，SHGC≤0.35	不满足	可
	⊞非中空窗面积比		非中空玻璃的面积不应超过同一立面透光面积的15%	满足	
	⊞可开启窗扇	无通风换气装置	主要功能房间的外窗应设置可开启窗扇或通风换气装置	满足	
	结论			不满足	不可

外窗外遮阳

	编号朝向	计算值	标准要求	结论	可否权衡
	⊟南向		甲类建筑东、西、南向外窗和透光幕墙	不满足	不可
	南-默认立面	无	甲类建筑东、西、南向外窗和透光幕墙	不满足	不可
	⊟东向		甲类建筑东、西、南向外窗和透光幕墙	不满足	不可
	东-默认立面	无	甲类建筑东、西、南向外窗和透光幕墙	不满足	不可
	⊟西向		甲类建筑东、西、南向外窗和透光幕墙	不满足	不可
	西-默认立面	无	甲类建筑东、西、南向外窗和透光幕墙	不满足	不可
▶	结论		甲类建筑东、西、南向外窗和透光幕墙	不满足	不可

◉显示全部　○显示不满足　导出WORD　导出EXCEL　关 闭

图 2-90　修改屋顶构造

修改方案：需与建筑造型设计人员和建设方沟通遮阳形式，该处建议可增加百叶遮阳方式（百叶遮阳可内置在窗户内，与平板遮阳相比对造型影响小，计算时软件默认百叶位于窗外，暂无法修改），使计算满足规范要求。

执行菜单【浏览选择】→【选择窗户】命令，勾选“东、南、西”3 个方向，框选全部图纸，单击鼠标右键确定，在“右侧”特性面板整体调整外遮阳编号【百叶遮阳 0】。通过执行【模型观察】命令，可看到模型中已添加百叶窗，该视觉效果仅供模拟，不代表真实外观形态（图 2-91）。

修改 3：【外窗热工】→【总体热工性能】。外窗传热系数 K 不满足规范限制，计算值 $K=0.26$，规范要求南向 $K\leqslant 0.21$，东西北向 $K\leqslant 0.22$。窗户太阳得热系数，南向 $SHGC\leqslant 0.3$，东西北向 $SHGC\leqslant 0.35$。

修改方案：此处需向设计前端反馈，重新修改“建筑设计施工图总说明”中窗户的性能描述；同时，在模型中将窗户性能提升到规范标准。单击传热系数右侧按钮【□】，在面板中选择更高性能的【窗框型材】【玻璃型材】，图 2-92 中所示的修改方案仅供参考。

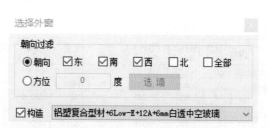

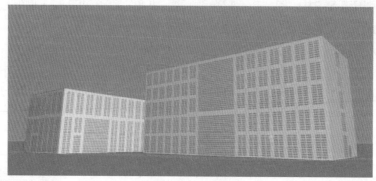

图 2-91　修改外窗遮阳

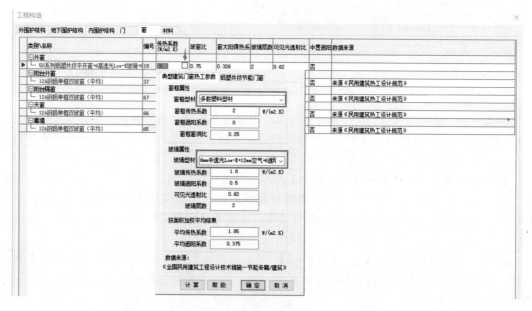

图 2-92　修改外窗构造

经前述修改后，再一次执行【节能检查】命令，本项目围护结构性能全部满足标准（图 2-93）。

检查项	计算值	标准要求	结论	可否性能权衡
⊞窗墙比			不需要	
⊞天窗			不需要	
⊞屋顶构造		K≤0.40	满足	
⊞外墙构造	K=0.70；D=4.20	K≤0.80[K应满足表3.1.10-4的规定]	满足	
⊞挑空楼板构造	无	K≤0.70	不需要	
⊞外窗热工			满足	
⊞非中空窗面积比		非中空玻璃的面积不应超过同一立面透光面积的15%	满足	
⊞可开启窗扇	无通风换气装置	主要功能房间的外窗应设置可开启窗扇或通风换气装置	满足	
▶结论				

●规定指标　○性能指标　　输出到Excel　输出到Word　　输出报告　　关 闭

图 2-93　修改后节能检查

什么是传热系数？

传热系数：heat transfer coefficient，在稳态条件下，围护结构两侧空气为单位温差时，单位时间内通过单位面积传递的热量。传热系数与传热阻互为倒数。墙体的传热系数 K 是表征墙体（含所有构造层次）在稳定传热条件下，当其两侧空气温差为 1 K（1 ℃）时，单位时间内通过单位平方米墙体面积传递的热量，单位为 W/（m^2·K）。

什么是窗户太阳得热系数？

透光围护结构太阳得热系数：solar heat gain coefficient（SHGC）of transparent envelope，在照射时间内，通过透光围护结构部件（如窗户）的太阳辐射室内得热量与透光围护结构外表面（如窗户）接收到的太阳辐射量的比值。

修改前节能检查"性能指标"如图 2-94 所示。

检查项	计算值	标准要求	结论
⊟屋顶构造		K≤0.4	不满足
└屋顶构造一	K=0.46		不满足
⊞外墙构造	K=0.70；D=4.20	K≤0.8	满足
⊟外窗热工			不满足
├外窗外遮阳		甲类建筑东、西、南向外窗和透光幕墙应采取遮阳措施	不满足
└⊟总体热工性能		外窗传热系数应满足表C.0.1-1、C.0.1-2的要求	不满足
├⊟南向			不满足
│└南-默认立面	K=2.60；SHGC=0.4	K≤2.20，SHGC≤0.40	不满足
├⊟北向			不满足
│└北-默认立面	K=2.60；SHGC=0.4	K≤2.20，SHGC≤0.40	不满足
├⊟东向			满足
└⊟西向			满足
⊞可开启窗扇	无通风换气装置	主要功能房间的外窗应设置可开启窗扇或通风换气装置	满足
⊞非中空窗面积比		非中空玻璃的面积不应超过同一立面透光面积的15%	满足
⊟综合权衡	Ed=25.27；Er=21.	设计建筑的能耗不大于参照建筑的能耗	不满足
├供冷耗电量(kWh/	23.20	宜≤19.61	
├供热耗电量(kWh/	2.07	宜≤2.23	
├耗冷量(kWh/m^2)	81.19	宜≤68.65	
└耗热量(kWh/m^2)	4.75	宜≤5.09	
▶结论			不满足

○规定指标　●性能指标　　输出到Excel　输出到Word　　输出报告　　关 闭

图 2-94　查看节能检查性能指标

在修改完成方案后，需再次执行【计算】→【能耗计算】→【节能检查】命令，再次查看【性能指标】，如图 2-95 所示。

节能检查 - 建筑节能与可再生能源通用规范2021-公共建筑-甲类.std   — □ ×

检查项	计算值	标准要求	结论
⊞屋顶构造		K<=0.4	满足
⊞外墙构造	K=0.70；D=4.20	K<=0.8	满足
⊞外窗热工			满足
⊞可开启窗扇	无通风换气装置	主要功能房间的外窗应设置可开启窗扇或通风换气装置	满足
⊞非中空窗面积比		非中空玻璃的面积不应超过同一立面透光面积的15%	满足
⊞综合权衡	Ed=20.98；Er=24.1	设计建筑的能耗不大于参照建筑的能耗	满足
▶结论			满足

○规定指标   ●性能指标   输出到Excel   输出到Word   输出报告   关 闭

图 2-95   修改方案后节能检查性能指标

节能检查显示"不满足"时，在实际工程中常规怎么处理？工作流程如何？

需要研判不满足的原因：如单一条文不满足，则修改建筑设计/材料设计，满足规范；如权衡结果不满足，分析导致不合规的最大可能，修改建筑设计/材料设计，满足规范。

修改建筑设计包括但不限于降低窗墙比，降低体形系数。

工作流程：建筑设计提供设计图纸→节能建模计算→根据当地气候条件下类似工程或业主材料使用要求赋予节能材料→计算判定是否合规→如不合规判定不合规原因，提出解决方案→与建筑设计或业主商讨→复核计算，直至合规。

环节五   输出报告

输出报告

步骤 1：节能计算书。

执行菜单【计算】→【节能报告】命令，也可直接在【节能检查】页面单击【输出报告】按钮（图 2-96、图 2-97）。

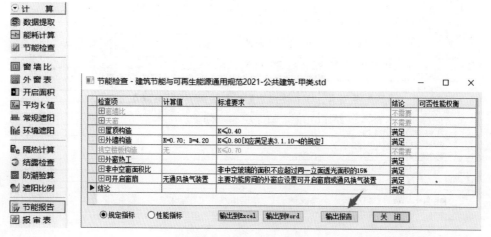

节能检查 - 建筑节能与可再生能源通用规范2021-公共建筑-甲类.std   — □ ×

检查项	计算值	标准要求	结论	可否性能权衡
⊞窗墙比				不需要
⊞天窗				不需要
⊞屋顶构造		K≤0.40	满足	
⊞外墙构造	K=0.70；D=4.20	K≤0.80[K应满足表3.1.10-4的规定]	满足	
挑空楼板构造	无	K≤0.70	不需要	
⊞外窗热工			满足	
⊞非中空窗面积比		非中空玻璃的面积不应超过同一立面透光面积的15%	满足	
⊞可开启窗扇	无通风换气装置	主要功能房间的外窗应设置可开启窗扇或通风换气装置		.
▶结论			满足	

计　算
数据提取
能耗计算
节能检查

窗墙比
外窗表
开启面积
平均k值
常规遮阳
环境遮阳

隔热计算
结露检查
防潮验算
遮阳比例

节能报告
报审表

●规定指标   ○性能指标   输出到Excel   输出到Word   输出报告   关 闭

图 2-96   输出节能报告

建筑节能设计报告书

公共建筑
甲类

工程名称	行政办公楼
工程地点	重庆-重庆
设计编号	2023-01
建设单位	XX 开发公司
设计单位	XX 设计院
设 计 人	
校 对 人	
审 核 人	
设计日期	2023 年 6 月 21 日

采用软件	节能设计 Becs2023
软件版本	20220401
研发单位	北京绿建软件股份有限公司
正版授权码	T15200000000

图 2-97　建筑节能报告书封面与目录样例

步骤 2：节能报审表。

执行菜单【计算】→【报审表】命令，弹出图 2-98 所示的对话框。

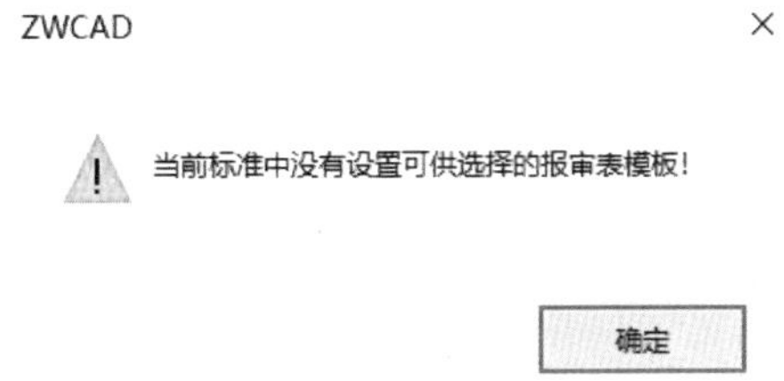

ZWCAD　　　　　　　　　　　　　　　　　　　　　×

⚠ 当前标准中没有设置可供选择的报审表模板！

确定

图 2-98　报审表提示框

在【工程设置】中切换选用标准，选择地方省市、气候区标准，可生成当地或该气候区报审模板（图 2-99）。

图 2-99　切换选用标准

报审表范例如图 2-100 所示。

重庆市房屋建筑和市政基础设施工程施工图设计文件审查
送审表(建筑工程)

工程名称	行政办公楼	子项名称			工程地址	2022-01
建设单位	XX开发公司		联系人		联系电话	
勘察单位			联系人		联系电话	
设计单位	XX设计院		项目负责人		联系电话	
资质等级及证书号		市外单位在渝备案证号			备案时间	

主要设计人员情况	专 业	建 筑	结 构	给 排 水	电 气	暖 通
	姓 名					
	注 册 号					
	注册等级					

工程概况

工程性质: □新建 □改建 □扩建				工程类型: □住宅 □公建 □商住 □厂房 □其他			
工程规模	m²	总投资		万元	设计规模	□大型 □中型 □小型	
容积率		绿地率		建筑密度		停车位	
送审子项建筑面积合计			m²	送审范围			

子项名称	占地面积(m²)	层数		建筑高度(m)	建筑面积(m²)					
		地下	地上		住宅面积	商业面积	办公面积	车库面积	其他	合计面积
总计		/	/	/						

子项名称	结构类型	基础形式	设防烈度	火灾危险性	耐火等级	人防等级	是否属超限高层

消防设计基本情况	民用建筑执行节能设计标准的情况	附属工程名称:
见附表一 共 页	见附表二 共 页	附属工程送审表 共 页

送审资料	1. 建设行政主管部门初步设计批复□（按规定不需进行初步设计审批的项目，应当提供建设工程初步设计备案文件□ 或《建设用地规划许可证》□ ） 文号 2. 消防部门初步设计防火设计审查意见（未纳入初步设计并联审批范围的项目）□ 3. 勘察报告□ 勘察报告审查合格书□ 4. 施工图设计文件 ＿＿ 套，结构计算书＿＿本，建筑专业CAD施工图、节能热工计算模型光盘 ＿＿ 张，建筑节能热工计算书＿＿本，暖通热工计算书＿＿本 5.《重庆市高层建筑工程结构抗震基本参数表》□ 6. 设计合同□ 设计任务委托书□ 7. 其他资料: ＿＿＿＿＿＿□ ＿＿＿＿□ ＿＿＿＿□

设计单位(公章)	建设单位(公章)
日期: 年 月 日	日期: 年 月 日
情况属实，审查机构验证人签字:	审查机构审查专用章:

填写说明: 1. 此表一式十份; 2. "设计单位基本情况"、"工程概况"内容由设计单位如实填写，其余内容由建设单位如实填写; 3. 同一建设工程不能委托两家及以上审查机构审查; 4. 扩建、改建工程需请原工程审查机构审查; 5. 审查机构应在符合送审情况的送审表上加盖审查专用章; 6. 工程概况栏子项目多的可加行，子项情况相同的可采用"M-N栋"方式填写; 7. 涉及安全且工程特征与主体工程截然不同、规模较大的附属工程特别是边坡工程应单独填写送审表; 8. 送审的蓝图或白图（与蓝图同比例）、计算书必须按有关建设行政管理规定签字、盖章。

图 2-100 报审表范例

在实际工程中，节能设计需要输出哪些报告？内容范围的依据在哪查询？

按现行国标强制性标准《建筑给水排水设计标准》（GB 50015—2019）和《建筑设计防水规范（2018 版）》（GB 50016—2014）要求，节能设计输出的报告必须包括以下几项:

（1）节能计算书;

（2）围护结构内表面温度计算书;

（3）围护结构结露计算书;

（4）围护结构内部冷凝计算书。

其他的工程报告均属于各地住房城乡建设主管部门根据管理需要自身的要求。图纸上的内容为现场施工的主要依据，一般图纸内容根据各地主管部门公布的节能专篇模板来确定。

🏆 小　结 ●

本学习情境完成了基础模型搭建与节能分析，具体环节和步骤如下。

环节一前期准备：准备图纸、了解规范、安装软件；

环节二创建模型：导入图纸、简化图面、调墙柱高、建楼层框、搜索房间、门窗整理、模型检查；

环节三设置参数：工程设置、工程构造、门窗整理、遮阳类型、房间类型、系统分区；

环节四节能计算：数据提取、能耗计算、节能检查；

环节五输出报告：节能计算书、节能报审表。

本学习情境涉及名词概念如下：

传热系数、建筑热工设计分区、太阳辐射吸收系数、窗墙比、保温材料、导热系数、热桥、水平遮阳、垂直遮阳、挡板遮阳、体形系数、传热系数、窗户太阳得热系数。

🏆 课后习题 ●

一、单选题

1. 当执行【搜索房间】命令时，弹出【房间生成选项】对话框；首先注意勾选（　　）。

    A.【显示房间编号】

    B.【显示房间名称】

    C.【更新原有房间编号和高度】

    D.【面积】

2. 当模型观察显示出现缺墙缺门窗的"烂尾楼"形象时候，是（　　）命令没有做对。

    A.【建楼层框】　　　　B.【门窗整理】　　　　C.【模型检查】　　　　D.【房间搜索】

3. 我国的建筑热工设计分区的一级区划有（　　）个。

    A. 4　　　　　　　　　B. 5　　　　　　　　　C. 6　　　　　　　　　D. 7

4. 关于皖南传统民居中夏季温度较高时降低室内温度的最有效措施是（　　）。

    A. 自然通风　　　　　　　　　　　　B. 遮阳

    C. 自然通风与遮阳相结合　　　　　　D. 夜晚通风

5. 建筑体型系数是指（　　）。

    A. 建筑体积/建筑表面积

    B. 建筑表面积/建筑体积

    C. 建筑外窗面积/建筑体积

    D. 建筑体积/建筑外窗面积

6. 关于建筑体形系数叙述正确的是（　　）。

    A. 建筑的体型系数越大越有利于自然通风

    B. 体型系数越大越有利于建筑节能设计

    C. 体型系数增大导致冬季热负荷减少

    D. 体型系数增大不利于夏季散热

二、多选题

1. 在环节二创建模型中，步骤 1：导入图纸之前，应注意的事项有（　　）。

   A. 用 Ctrl＋1 键调出右侧属性面板

   B. 将需要模拟的 CAD 导出文件版本为 2010 版 AutoCAD，天正 T8 的模型文件

   C. 新建文件夹保存，将文件夹和 DWG 文件均重新命名为"节能模型"

   D. 用 Ctrl＋F12，Ctrl＋Fn＋F12 调出左侧屏幕菜单

2. 下面关于遮阳基本形式叙述正确的有（　　）。

   A. 水平式遮阳：能有效遮挡高度角较大的，从窗口上方投射下来的阳光

   B. 垂直式遮阳：能有效遮挡高度角较小的，从窗侧斜射的阳光

   C. 综合式遮阳：能有效遮挡高度角中等的，从窗前斜射下来的阳光

   D. 挡板式遮阳：能有效遮挡高度角较大的，正射窗口的阳光

3. 夏热冬冷与夏热冬暖地区墙体的热工性能指标需要控制以下的（　　）。

   A. 窗墙比 　　　　　　　　　　　　B. 传热系数 K

   C. 太阳反射系数 　　　　　　　　　D. 热惰性指标 D

4. 下面关于导热系数叙述正确的有（　　）。

   A. 通俗地说，导热系数就是材料传导热量的能力

   B. 导热系数对中国南方地区影响较大，与屋顶、外墙的外表面颜色和粗糙度有关

   C. 在稳态条件和单位温差作用下，通过单位厚度、单位面积匀质材料的热流量，单位为 W/m·K

   D. 导热系数是表征材料保温性能的重要指标，数值越低，表明材料保温效果越好

三、填空题

1. 为减少图面信息干扰，需简化图纸，使用的命令是_____。

2. 在【建楼层框】命令中，如果存在标准层，如 2 至 5 层都是标准层，则在楼层号中输入_____。

3. 如果通过【模型观察】命令发现建筑楼层上下没有对齐，出现错位，是因为在【建楼层框】的时候每层图框的_____没有选对。

4. 在模型检查中，房间错误一直未消失怎么办？首先单击房间名称进行_____，然后重新_____即可。

5. 周边地面是指距外墙内表面水平距离_____以内的地面。

扫码练习并查看答案

学习情境三

能耗分析

知识目标 ●

说出能耗计算依据的规范名称及编号；了解负荷的概念及负荷与能耗的关系。

活页式表单　　　　PPT

能力目标 ●

能使用软件进行能耗计算，并输出能耗报告书。

素养目标 ●

通过数字软件建立模型，提升信息素养和工程思维；通过排查模型问题、分析报告，培育工匠精神和科学精神。

典型工作环节 ●

典型工作环节如图 3-1 所示。

图 3-1　典型工作环节

（1）前期准备：收集项目图纸；收集国家及地方标准、规范、图集；识读图纸；安装软件。

（2）创建模型：创建基本模拟模型，包括墙、柱、梁、门窗等，或直接利用进行节能计算时已经建立的模型；或采用其他建模工具建立的模型，进行模型转换。

（3）设置参数：内容包括：项目基本参数，如地理位置、执行标准等。项目热工参数包括建筑围护结构设计参数和室内热环境设计参数；项目设备系统参数主要是指暖通空调设备的选型及制定运行策略，具体包括空调系统类型、系统参数、集中冷热源等其他的设备系统参数。

（4）能耗计算：检查模型设置并运行围护结构节能检查。

（5）输出报告：输出围护结构节能率、空调系统节能率、建筑全能耗、能效测评节能率等数据，按照每个地区的申报表格样式制作报告。根据具体项目要求，可将数据、材料按照文本固定样式，排版在审图部门规定的图纸模板里。

每一工作环节均可按照"资讯—计划—实施—检查—评价"开展学习。

环节一　前期准备

（1）项目图纸：全套施工图纸、效果图，尤其需要收集设备专业设计说明。

（2）主要标准规范与图集：

1)《建筑节能与可再生能源利用通用规范》（GB 55015—2021）。

2)《公共建筑节能设计标准》（GB 50189—2015）。

3)《民用建筑热工设计规范》（GB 50176—2016）。

4)《绿色建筑评价标准》（GB/T 50378—2019）。

5)地方节能标准。

（3）安装软件：安装方式参考学习情境二，软件成功安装、打开后，界面如图 3-2 所示。

前期准备

图 3-2　BESI 软件初始界面

环节二　创建模型

步骤 1：建立模型。

能耗模拟模型与节能分析模型一致，建立步骤参考节能分析建模。若节能设计模型已建立则可以直接使用，为方便分类检查，可以复制"节能

创建模型

模型"文件夹，命名为"能耗模型"，再打开能耗模型进行能耗模拟分析（图 3-3）。

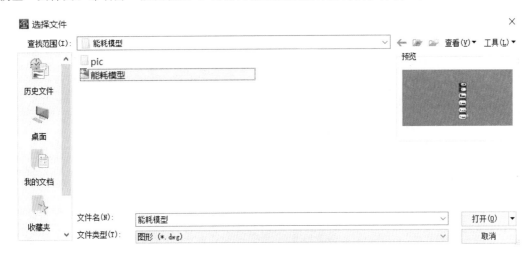

图 3-3　打开能耗模型

步骤 2：模型检查。

打开能耗模型后，需进行一次模型检查工作，执行【重叠检查】→【柱墙检查】→【模型检查】→【墙基检查】命令（图 3-4），直至所有错误被解决，最后再执行【模型观察】命令，查看三维模型是否完全封闭，是否有明显模型错误（如墙体、柱子、楼板明显错位、凸出等），直至所有明显错误消除后，方可进行下一步操作（图 3-5）。

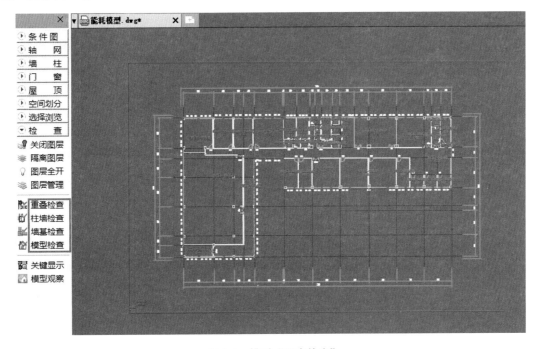

图 3-4　模型"四步检查"

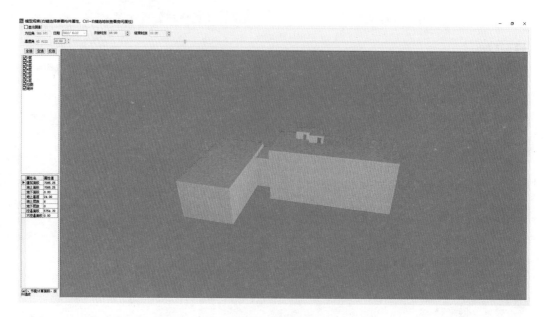

图 3-5　模型观察

环节三　设置参数

设置参数

步骤 1：工程设置。

设定当前建筑项目的地理位置（选定模型的分析气象数据）、建筑类型、计算目标、节能标准、能效标准等计算条件。

（1）设置基本信息：地理位置（选定模型的分析气象数据）、建筑类型、工程名称、建设单位、设计单位、设计编号等基本信息与节能分析设置一致。

（2）设置计算目标：根据工程需要，选择能耗模拟分析的计算目标，本工程选择"建筑全能耗"为计算目标（图 3-6），其他目标可依据软件提供的标准条文自行探究。

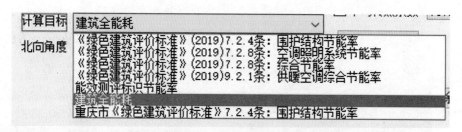

图 3-6　计算目标选择

其他计算目标详细条文如下。

7.2.4 优化建筑围护结构的热工性能，评价总分值为 15 分，并按下列规则评分：

1 围护结构热工性能比国家现行相关建筑节能设计标准规定的提高幅度达到 5%，得 5 分；达到 10%，得 10 分；达到 15%，得 15 分。

2 建筑供暖空调负荷降低 5%，得 5 分；降低 10%，得 10 分；降低 15%，得 15 分。

7.2.8 采取措施降低建筑能耗，评价总分值为 10 分。建筑能耗相比国家现行有关建筑节能标准降低 10%，得 5 分；降低 20%，得 10 分。

9.2.1 采取措施进一步降低建筑供暖空调系统的能耗，评价总分值为 30 分。建筑供暖空调系统能耗相比国家现行有关建筑节能标准降低 40%，得 10 分，每再降低 10%，再得 5 分，最高得 30 分。

——《绿色建筑评价标准》(GB/T 50378—2019)

《绿色建筑评价标准》中提及的提升基准是什么？

根据《绿色建筑评价标准》(GB 50378—2019) 及其实施细则，明确规定提升以现行国标为基准，因此，重庆地区节能标准提升均以现行国家强制性标准《建筑节能与可再生能源利用通用规范》(GB 55015—2021) 为基准，但不同地区对此条解读有差异，如四川、上海等地区提升基准为当地地标，因此，应查阅当地主管部门发布的实施细则或审查要点来确定提升的基准。

（3）设置节能标准：根据项目能耗模拟目标，选定节能标准（图 3-7），本工程由于选择计算目标是"建筑全能耗"，不涉及计算标准，因此不进行节能标准设置。

图 3-7　节能标准选择

（4）只有计算目标为"能效测评标识节能率"才存在能效标准的设定，其他目标均不涉及。能效标准设置根据软件默认设置即可（本工程无）（图 3-8）。

（5）设置北向角度：北向角度设置与节能分析设置相同（图 3-8）。

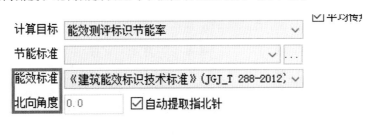

图 3-8　能效标准和北向角度选择

（6）其他设置：与节能分析设置一致（图 3-9）。

图 3-9　其他设置确定

步骤 2：控温期设置。

建筑实际运行阶段，供暖供冷期的起止日期不同，地区有不同的规定，可根据实际项目设计运行需求，选择全年 8 760 小时理想供冷供暖。或者自定义供暖供冷期的起止日期（图 3-10）。若项目为学校类建筑，可选择寒暑假的起止日期。本工程可结合办公楼实际的上班时间，将过年和高温假期的时间，以寒暑假期的方式扣除。

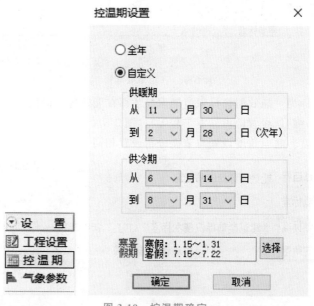

图 3-10　控温期确定

在实际项目中，各地区对于控温期设置是否存在规范标准？

目前无明确相关规定，工程中按照实际使用时间合理扣减寒暑假期。在无特殊要求情况下，在建筑使用期间，室内热物理参数均需满足热舒适要求。

步骤 3：气象参数设置。

根据能耗模拟需求，选择适宜的气象参数来源，软件提供包括：《中国建筑热环境分析专用气象数据集》《建筑节能气象参数标准》（JGJ/T 346—2014）、《浙江省居住建筑节能设计标准》（DB33—1015—2015）在内的三项气象参数集，也可导入其他来源的气象参数集。本工程选择《中国建筑热环境分析专用气象数据集》（图 3-11）。

图 3-11　气象数据来源

气象地点结合工程位置设定，本工程可选择"重庆-重庆沙坪坝"（图 3-12）。

图 3-12　选择气象地点

通过执行【浏览气象】命令可浏览和导出气象地点的各类气象数据（图 3-13）。该类参数目前没有实际工程应用场景，仅作为软件设置计算依据，如方案图纸需体现气象数据可截图使用。

图 3-13　浏览气象参数

步骤 4：建筑热工设置。

能耗模拟的热工参数与节能分析热工参数一致，在节能模型基础上进行能耗分析，相关热工参数会传递到能耗模拟软件内，包括工程构造、门窗类型、遮阳类型、房间类型均与节能模型一致，无须重新设置。

在房间类型设置，可进一步细化房间类型，办公楼一层有多功能报告厅，可通过单击【导入】→【从房间类型库导入】→导入报告厅（图 3-14）。

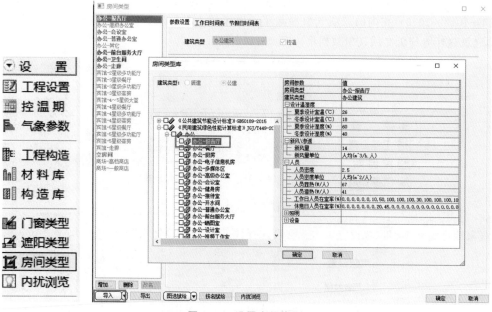

图 3-14　设置房间类型

房间类型在节能软件中参数无法更改，但在能耗软件中，可以增减房间类型，也可对房间内的参数进行设置。本工程中逐项检查办公－会议室、办公－普通办公室、办公－走廊、空房间的参数设置。

各类房间参数如图 3-15 所示。

图 3-15　主要房间参数

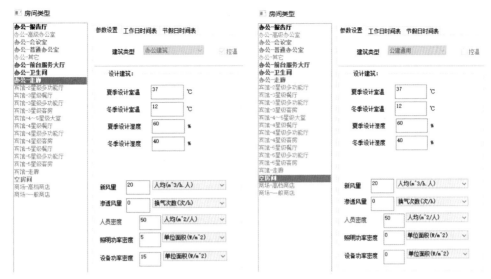

图 3-15　主要房间参数（续）

房间类型设置完成后，可通过执行【内扰浏览】命令，了解整栋楼的人员峰值、照明峰值、照明电耗、插座设备峰值、插座设备电耗（图 3-16）。

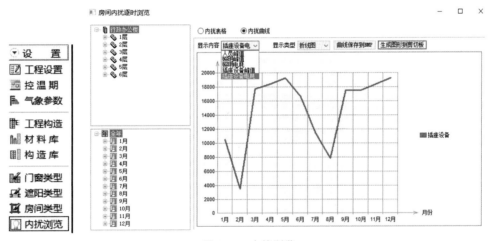

图 3-16　内扰浏览

步骤 5：暖通系统设置。

（1）系统分区设置→房间划分。若建筑内拥有两个及以上空调系统，则需在软件中增加空调系统，并在【包含房间】中选定不同系统包括的房间，若该房间无空调，则均无须勾选。

如果所有空调房间均采用【多联机系统】，可直接采用软件默认的系统。

本工程按照实际情况可直接默认，不做修改。考虑【楼梯间（空房间）】区域不控温，可另外新建【Sys1】与控温房间区别。

单击页面下方【增加】按钮，输入系统名称【Sys1】，选择包含房间为 1～6 层的【空房间】，取消其他房间的勾选（图 3-17）。设置完【Sys1】的包含房间，可单击默认空白系统，查看其包含房间，系统会自动将【Sys1】的房间扣除（图 3-18）。

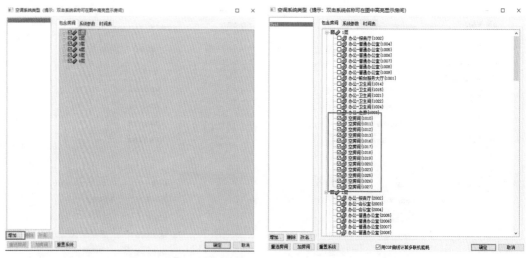

图 3-17　系统分区—房间划分确定

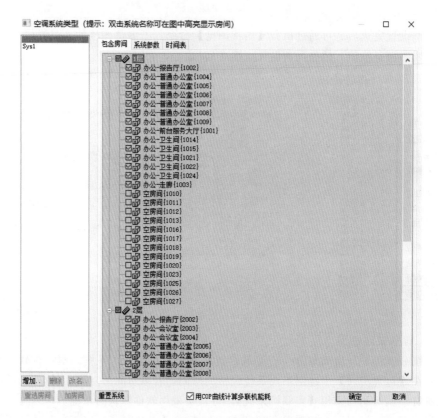

图 3-18　系统分区—默认系统包含房间

（2）系统分区设置—系统参数设置。根据"暖通设计说明"文件，进行暖通系统的参数设置（能效比、室内机总功率等）。

若项目设计新风系统，则需勾选新风机，并根据暖通新风设计参数进行相关参数的设置。若新风系统带热回收功能，则需根据暖通新风机热回收系统参数进行热回收设置。

本工程系统参数选择【多联式空调（热泵）机组】，其他参数保持默认（图 3-19）。

未设置新风系统。默认系统与【Sys1】均按此页面设置。

图 3-19　系统分区——设置系统参数

什么是多联机空调（热泵）机组？

多联机空调（热泵）机组是近年来常用的中小型空调系统（图 3-20），室内机室外机均在【系统分区】中设置，室外机的参数为额定制冷（制热）的能效比，室内机则直接输入整个系统里的末端风机总功率（W）。

图 3-20　多联机空调（热泵）机组室外机

（3）系统分区设置——时间表设置。根据项目实际运行时间，进行暖通系统运行的时间表设置，若节假日暖通系统不运行，则无须勾选运行时间。默认系统保持默认时间，【Sys1】可全部取消勾选，代表不控温（图 3-21）。

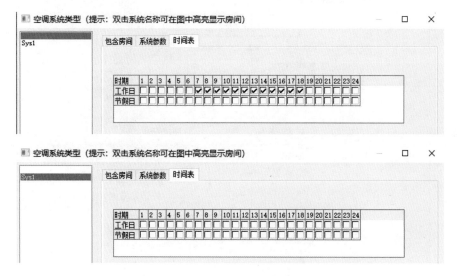

图 3-21　系统分区——时间表确定

（4）冷源/热源机房设置。该设置适用于集中供冷/供暖的冷水机组、冷却水泵、冷冻水泵、设备运行的相关参数（图 3-22）。

本工程无集中冷热源，无须进行设置（图 3-23）。

若项目采用集中冷热源，则需按照暖通设计相关参数进行设置。

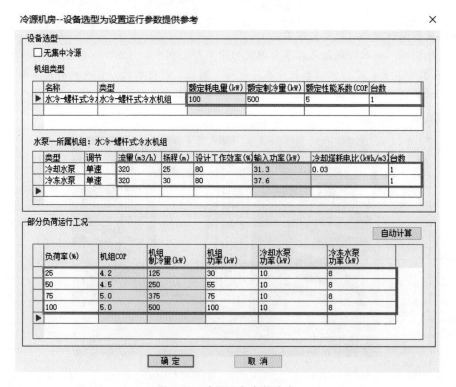

图 3-22　冷源设备参数确定

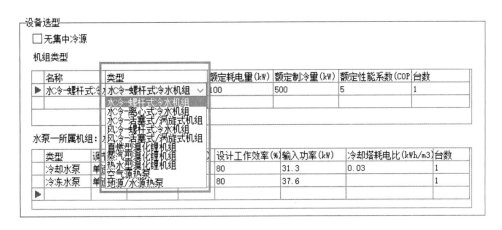

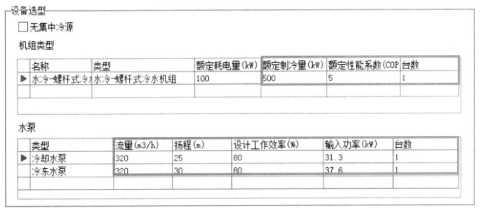

图 3-22 冷源设备参数确定（续）

图 3-23 热源设备参数确定

步骤 6：其他设备参数设置。

（1）电梯参数。根据项目实际的电梯配置进行相关参数的设计，需要查看建筑设计说明文件（图 3-24）。除数量外，其他参数可按照软件默认设置。也可增加不同类型的电梯，参数可按照厂商给定的参数填写。年使用天数可按照实际情况扣减节假日（图 3-25）。

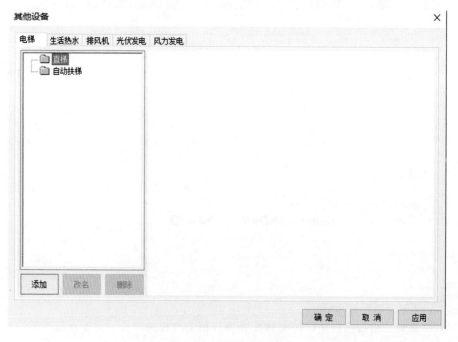

十二.电梯工程

12.1 适用规范：《电梯工程施工质量验收规范》GB50310-2002.

12.2 本工程采用的各种电梯的型号规格、台数、载重量、速度等技术参数详见电梯表.

12.3 本施工图仅提供电梯底坑、井道、门洞及机房尺寸，其余有关井道顶埋件、机房留洞等详细设计由电梯厂家提供施工图。

电梯井道为砖墙时应按构造要求设置构造柱，在电梯顶埋件位置应设置圈梁，在厂家提供位置后按结构做法。

12.4 凡电梯底坑底面下有人行通道或人员能到达的空间处，其上部的电梯对重（或平衡重）应设有安全钳装置，且井道底坑的地面至少按5000N/m²荷载进行土建结构设计。

12.5 服务于残疾人的无障碍电梯，应按照《无障碍设计规范》GB50763-2012.

12.6 电梯轿箱的内装修由精装修设计，电梯门套形式及控制板位置根据精装要求配置。

12.7 用砌块砌筑的电梯井道，宜采用烧结页岩多孔砖.

12.8 电梯门洞处由开门口处向外找坡1%，宽200mm.

12.9 电梯紧靠起居室布置时，应采取有效的隔声和减震处理。

12.10 本工程电梯按照甲方提供的电梯参数进行设计.

电梯表（仅供参考，具体数量及参数以电梯厂家提供的为准）

楼栋号	电梯编号	电梯类型	载重（公斤）	速度（米/秒）	数量	井道净宽尺寸（mm）	门洞宽*高（mm）	底坑深度（mm）	电梯顶层高度（mm）	电梯行程
生产综合用房	DT1~DT2	客梯、无障碍电梯	1200	1.5	2	2200X2200	1100*2300	1800	5400（含板）	-1F~11F
	DT9~DT10	客梯、消防电梯	1200	1.5		2200X2200	1100*2300	1800	5100（含板）	-1F~11F

备注：（1）除特别注明外，井道顶层高度为井道顶板至电梯最高停站层水平位置之高差。

（2）电梯的安装须符合《电梯制造与安装安全规范》GB7588-2003规定及要求。

（3）电梯底坑排水见给排水图或由相应厂家提供。

（4）通风、空调及电气照明由相应厂家提供。

（5）电梯井道内相邻两层门地坎间的距离超过11m时中间应设安全门，安全门应在井道外闭锁。井道内能手动开启，安全门的开启方向不得朝向井道内。

（6）电梯轿钩高度详厂家资料。

（7）消防电梯从首层至顶层的运行时间不宜大于60s，其余应满足《消防电梯制造与安装安全规范》（GB26465-2011）和《建筑设计防火规范》GB50016-2014（2018年版）第7.3.8条的要求。

图 3-24 电梯工程设计说明

其他设备　　　　　　　　　　　　　　　　　　　　　　×

电梯　生活热水　排风机　光伏发电　风力发电

　📁 直梯
　📁 自动扶梯

添加　改名　删除

确定　取消　应用

图 3-25 电梯参数确定

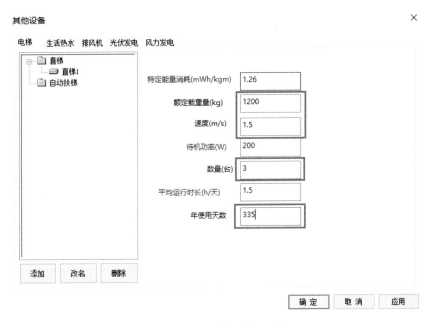

图 3-25　电梯参数确定（续）

（2）生活热水参数。生活热水参数设置可根据项目实际采用的生活热水热源进行设置，相关参数根据给水排水设计确定（图 3-26）。若采用太阳能热水，则需根据给水排水设计、电气设计进行太阳能热水设计。

热水设备为热泵时，因供暖期热泵以热水传递能量，可以利用热泵供暖热水为生活热水，免费天数为供暖期时长。

单击蓝色字体可查看对应推荐的参数。

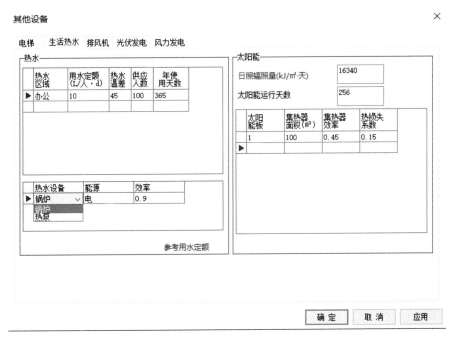

图 3-26　生活热水参数系统默认值

（3）排风机参数。排风机参数设置包括建立模型内所有排风机，工程中常见需要设置排风机的房间有车库、卫生间、机房、集中厨房等。本工程仅卫生间和部分机房内设置排风机。

此处的排风机和系统参数中的排风机有区别，系统参数中为独立新风系统，是根据在密闭的室内一侧用专用设备向室内送新风，再从另一侧由专用设备向室外排出，在室内会形成"新风流动场"，从而满足室内新风换气的需要。该系统可与多联机、风机盘管、空调器等进行组合使用，保证室内空气的卫生和洁净。

此处的排风机和房间类型中的新风量对应（图3-27、图3-28）。

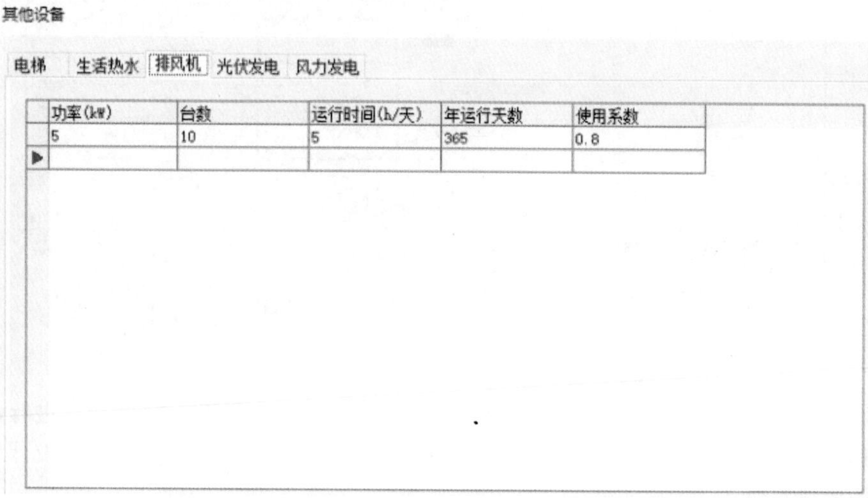

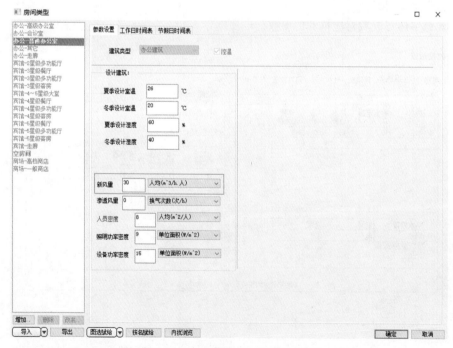

图 3-27　排风机参数确定

图 3-28　房间类型中的排风机参数

（4）光伏/风力发电参数。若项目设置了光伏/风力发电系统，则需根据电气设计相关内容进行参数设置。

本工程设置光伏发电系统（图 3-29）。

此处录入方式为两种，一种为手动输入；另一种可导入日照分析软件中的辐照模块生成的 Excel 光伏报告。

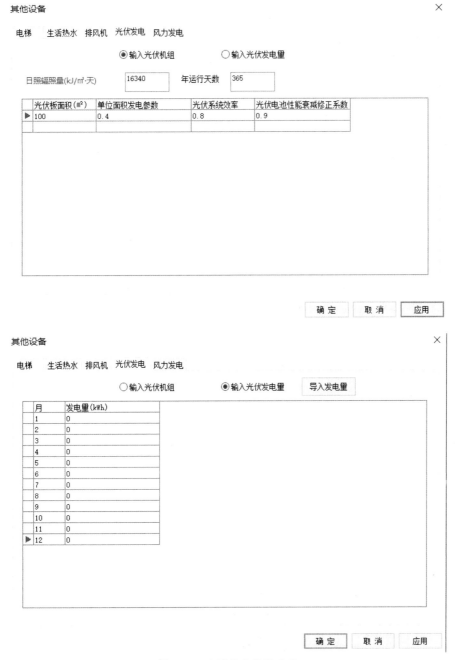

图 3-29　光伏发电参数确定

当前工程中对光伏是否有强制应用需求？

根据《建筑节能与可再生能源利用通用规范》（GB 55015—2021），光伏目前是所有新建建筑强制性技术，但在报告中并不强制模拟。

目前重庆地区没有模拟需求。各地由于不同的太阳辐照强度条件，在双碳背景下，可能存在地区性光伏的技术应用要求。

环节四　能耗计算

步骤 1：数据提取。

能耗计算前需进行建筑数据的提取，确认建筑的体形系统，计算后需保存数据提取结果。每次修改模型都需重新数据提取计算并保存。

执行【数据提取】命令，待计算完毕，单击【确定保存】按钮（图 3-30）。

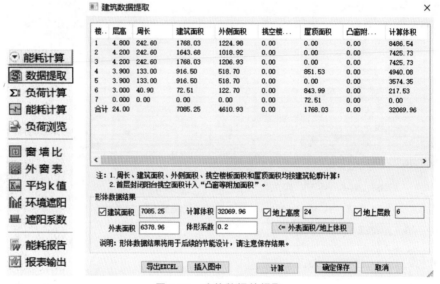

图 3-30　建筑数据的提取

步骤 2：负荷计算。

能耗计算前需进行负荷计算，如冷热源容量偏大还需进行冷热源修改，运行工况制定策略。

执行【负荷计算】命令，等待软件【调用 DOE2 进行计算】，在"命名"面板查看负荷计算结果（图 3-31）。

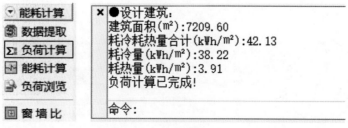

图 3-31　负荷计算

步骤 3：能耗计算。

负荷数据取最近一次【负荷计算】结果，需确认最近一次负荷计算后，模型和设置均未更改（图 3-32）。

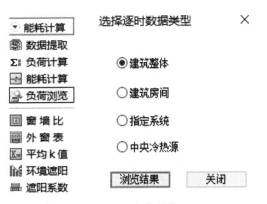

能耗分类	设计建筑(kWh/m²)	备注
⊞建筑负荷	115.27	
⊞热回收	0.00	
⊞供冷电耗(Ec)	20.04	
⊞供暖电耗(Eh)	0.00	
⊞空调风机电耗(Ef)	4.92	
照明电耗	14.55	
插座设备电耗	33.93	
其他电耗(Eo)	13.87	
⊞可再生能耗(Er)	0.03	
建筑总能耗(E1)：电耗(kWh/m²)	87.29	E1=Ec+Eh+Ef+Eo-Er

能耗分项	需求量(kWh/m²)	可再生能源利用	利用量(热量)(kWh/m²)
耗冷量Qc	95.06		
耗热量Qh	20.21	地源\空气源EPh	0.00
生活热水耗热量Qw	0.35	太阳能\空气源热泵	0.00
照明能耗Ql	42.59	光伏发电Er	0.00
电梯能耗Qe	9.31	风力发电Ew	0.09
合计	167.51		0.09
可再生能源利用率		0%	

左侧菜单：
- 能耗计算
- 数据提取
- Σ 负荷计算
- 能耗计算
- 负荷浏览
- 窗墙比
- 外窗表
- 平均k值
- 环境遮阳
- 遮阳系数
- 能耗报告
- 报表输出

图 3-32 能耗计算结果

步骤 4：负荷浏览。

通过负荷浏览，可得到"建筑整体""建筑房间""指定系统""中央冷热源"负荷和能耗计算曲线。

单击【负荷浏览】按钮，选择【建筑整体】，单击【浏览结果】按钮（图 3-33）。

选择逐时数据类型

左侧菜单：
- 能耗计算
- 数据提取
- Σ 负荷计算
- 能耗计算
- 负荷浏览
- 窗墙比
- 外窗表
- 平均k值
- 环境遮阳
- 遮阳系数

- ● 建筑整体
- ○ 建筑房间
- ○ 指定系统
- ○ 中央冷热源

[浏览结果] [关闭]

图 3-33 负荷浏览

点选负荷曲线，可直接截图保存，或选择"曲线保存到 BMP"后，粘贴在文档中保存（图 3-34）。

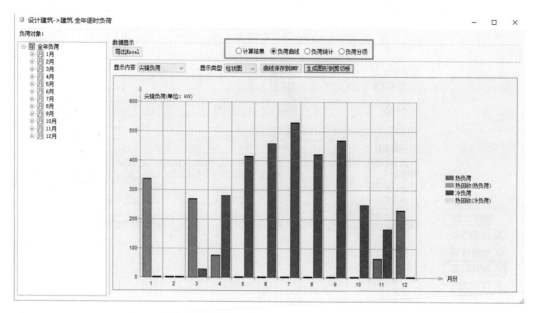

图 3-34　负荷浏览

环节五　输出报告

输出报告

步骤 1：输出报告。

能耗计算后，进行能耗报告输出，报告书如实反映设定的计算目标（能效节能率、围护节能率或空调节能率或建筑全能耗）及内容，包括建筑概况、围护结构、能耗计算等内容（图 3-35、图 3-36）。

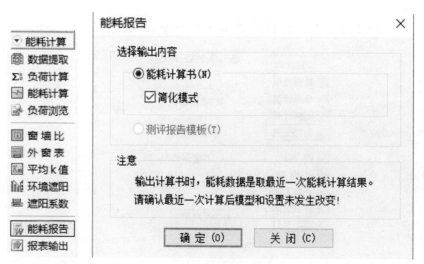

图 3-35　输出能耗报告

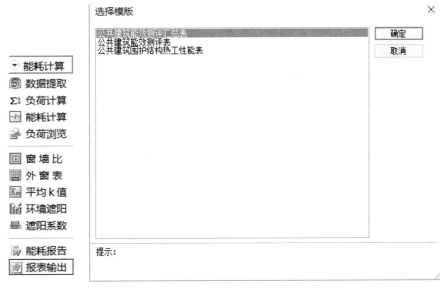

绿建斯维尔

建筑全能耗报告书

公共建筑

工程名称	行政办公楼
工程地点	重庆·重庆
设计编号	2022-01
建设单位	XX 开发公司
设计单位	XX 设计院
设 计 人	
审 核 人	
审 定 人	
设计日期	2022 年 12 月 19 日

采用软件	建筑碳排放 CEEB2023
软件版本	20220505(SP1)
研发单位	北京绿建软件股份有限公司
正版授权码	T15213008992

1

绿建斯维尔

目　录

2

图 3-36　建筑全能耗报告书封面与目录样例

步骤 2：输出报表。

软件可输出【公共建筑能效测评汇总表】【公开建筑能效测评表】【公共建筑围护结构热工性能表】（图 3-37）。

▼ 能耗计算	选择模版 ✕
数据提取	公共建筑能效测评汇总表
Σ 负荷计算	公共建筑能效测评表
能耗计算	公共建筑围护结构热工性能表
负荷浏览	确定
窗墙比	取消
外窗表	
平均k值	
环境遮阳	
遮阳系数	
能耗报告	提示：
报表输出	

图 3-37　输出建筑报表

小　结

本学习情境完成了能耗模型搭建与分析，具体环节和步骤如下。

环节一前期准备：准备图纸、了解规范、安装软件；

环节二创建模型：在节能模型基础上建立模型、模型检查；

环节三设置参数：工程设置、控温器设置、气象参数设置、建筑热工设置、暖通系统设置、其他设备参数设置；

环节四能耗计算：数据提取、负荷计算、能耗计算、负荷浏览；

环节五输出报告：输出能耗报告、输出报表。

本学习情境涉及名词概念：多联机空调（热泵）机组。

课后习题

一、单选题

1. 依据《绿色建筑节能评价标准》（GB 50015—2019）7.2.4 条，优化建筑围护结构的热工性能，评价总分值为 15 分。围护结构热工性能比国家现行相关建筑节能设计标准规定的提高幅度达到（　　），得 15 分。

    A. 20％　　　　　B. 15％　　　　　C. 10％　　　　　D. 5％

2. 下列不属于建筑能耗的是（　　）。

    A. 为满足建筑各项功能需求从外部输入的电力

    B. 为满足建筑各项功能需求从外部输入的燃料、冷/热媒等能源

    C. 安装在建筑上的太阳能、风能利用设备等提供的可再生能源

    D. 安装在建筑上的太阳能、风能等可再生能源系统消耗的电力和燃料

3. 建筑能耗是指建筑物使用过程中的能耗，其中（　　）等能耗占建筑总能耗的 2/3 以上。

    A. 电梯、空调、通风　　　　　　　　B. 热水供应、空调、电梯

    C. 照明、通风、设备运行　　　　　　D. 采暖、空调、通风

4. 《公共建筑节能设计标准》（GB 50189—2015）中规定非严寒地区甲类公共建筑各单一立面窗墙比一般不宜超过（　　）。

    A. 90％　　　　　B. 80％　　　　　C. 70％　　　　　D. 60％

5. 下列说法中正确的是（　　）。

    A. 房间类型在 BECS 软件中参数可以更改

    B. 在 BESI 软件中，不可以增减房间类型，仅可对房间内的参数进行设置

    C. 房间类型在 BECS 软件中参数不可以更改

    D. 在 BESI 软件中，可以增减房间类型，但不可以对房间内的参数进行设置

6. 在 BESI 软件中，在设置完成房间类型之后通过【内扰浏览】命令可了解的信息中不包括（　　）。

    A. 室内照明照度

    B. 照明峰值

    C. 照明电耗插座设备电耗

    D. 插座设备电耗

7. 在 BESI 软件中进行其他设备参数设置，关于排风机参数设置，下列说法错误的是（　　）。

    A. 工程中常见需要设置排风机的房间有车库、卫生间、机房、集中厨房等

    B. 此处的排风机和系统参数中的排风机是一样的

    C. 排风机参数设置包括建立模型内所有排风机

    D. 此处的排风机和房间类型中的新风量对应

8. 在 BESI 软件中，关于【数据提取】命令，下列说法正确的是（　　）。

    A. 应在能耗计算后进行数据提取

    B. 数据提取的结果不需要保存

    C. 建筑模型修改后不需要再次进行数据提取，直接取用最近一次数据提取的结果即可

    D. 每次修改模型都需重新数据提取计算并保存

9. 在 BESI 软件中，关于【负荷计算】命令，下列说法错误的是（　　）。

    A. 负荷分为热负荷与冷负荷

    B. 在命令面板查看负荷计算结果

    C. 能耗计算前需进行负荷计算，如冷热源容量偏大还需进行冷热源修改

    D. 建筑能耗与负荷是不相关的，能耗计算与负荷计算是两个独立的计算与分析过程

10. 能耗计算后，进行能耗报告输出，报告书如实反映设定的计算目标及内容，不包括下列（　　）内容。

    A. 建筑概况   B. 建筑施工图

    C. 围护结构   D. 能耗计算

二、多选题

1. BESI 支持（　　）计算目标。

    A. 围护结构节能率   B. 空调照明系统节能率

    C. 综合节能率   D. 供暖空调综合节能率

    E. 能效测评标识节能率. 建筑全能耗

2. BESI 软件中提供的气象数据来源有（　　）。

    A. 《中国建筑热环境分析专用气象数据集》

    B. 《建筑节能气象参数标准》(JGJ 346—2014)

    C. 《浙江省居住建筑节能设计标准》(DB33—1015—2015)

    D. 可导入其他来源的气象参数集

3. 从能源消费类型来分，建筑能耗可分为（　　）。

    A. 太阳能   B. 电   C. 天然气   D. 煤

    E. 液化石油气   F. 风能

4. 下列属于可再生能源的有（　　）。

    A. 太阳能   B. 风能   C. 核能

    D. 电能   E. 生物质能   F. 水能

5. 在 BESI 软件中执行数据提取命令的方法有（　　）。

    A. 执行菜单【能耗计算】→【数据提取】命令

    B. 直接在命令栏，输入首字母拼音 "SJTQ"

    C. 在命令栏输入汉字 "数字提取"

    D. 在界面空白处，单击鼠标右键，选择【数据提取】命令

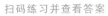

扫码练习并查看答案

学习情境四

碳排放分析

🏆 **知识目标** ●

了解建筑碳排放计算的方法；了解能源因子概念。

活页式表单　　　　　PPT

🏆 **能力目标** ●

能运用软件建立碳排放模型，并输出碳排放报告。

🏆 **素养目标** ●

通过数字软件建立模型，提升信息素养，培养创新求实的工程思维；通过排查模型问题、分析报告，培育精益求精的工匠精神和科学精神，启发低碳节能意识。

🏆 **典型工作环节** ●

典型工作环节如图 4-1 所示。

图 4-1　典型工作环节

（1）前期准备：收集项目图纸；收集国家及地方标准、规范、图集；识读图纸；安装软件。

（2）创建模型：创建基本模拟模型，包括墙、柱、梁、门窗等，或直接利用进行节能计算时已经建立的模型；或采用其他建模工具建立的模型，进行模型转换。

（3）设置参数：内容包括项目基本参数，如地理位置、执行标准等；项目热工参数，包括建筑围护结构设计参数和室内热环境设计参数；项目设备系统参数，主要是指暖通空调设备的选型以及制定运行策略，具体包括空调系统类型、系统参数、集中冷热源等其他的设备系统参数。

（4）碳排放计算：检查模型设置并运行碳排放计算，包括确定能源因子，运行建筑耗材计算、建造拆除计算、碳汇计算、负荷计算、碳排计算。

（5）输出报告：输出全生命周期碳排放报告书、可再生能源利用报告书、建筑全能耗报告书。

每一工作环节均可按照"资讯—计划—实施—检查—评价"开展学习。

环节一　前期准备

前期准备

（1）项目图纸：全套施工图纸、效果图，尤其需要搜集设备专业设计说明。

（2）主要标准规范与图集：

1）《建筑节能与可再生能源利用通用规范》（GB 55015—2021）。

2）《民用建筑太阳能热水系统应用技术规范》（GB 50364—2018）。

3）《民用建筑绿色性能计算标准》（JGJ/T 449—2018）。

4）《近零能耗建筑技术标准》（GB/T 51366—2019）。

5）《建筑碳排放计算标准》（GB/T 51366—2019）。

6）《绿色建筑评价标准》（GB/T 50378—2019）。

（3）安装软件：安装方式参考学习情境二，软件成功安装、打开后，界面如图 4-2 所示。

图 4-2　CEEB 软件初始界面

环节二　创建模型

创建模型

步骤 1：建立模型。

碳排放分析模型与节能分析模型、能耗计算模型的基础参数（包括工程设置、热工设置、暖通设置、设备参数设置等）一致，模型建立步骤参考节能分析建模。若节能设计模型（能耗计算模型）已建立则可以直接使用，可以复制"节能设计模型"或"能耗计算模型"，命名为"碳排放模型"，再打开碳排放模型进行碳排放模拟分析(图 4-3)。

    步骤 2：模型检查。

打开节能或能耗模型后，需进行一次模型的检查工作，执行【重叠检查】→【柱墙检查】→【模型检查】→【墙基检查】命令，直至所有错误被解决，最后再执行【模型观察】命令，查看三维模型是否完全封闭，是否有明显模型错误（如墙体、柱子、楼板明显错位、凸出等），直至所有明显错误消除后，方可进行下一步操作。

SU模型	
报告书	
基础模型	
节能模型	
能耗模型	
平面图	
碳排放模型	
效果图	

图 4-3　文件整理及命名

设置参数
碳排放计算

环节三　设置参数

步骤 1：工程设置。

（1）选择计算标准（图 4-4）。

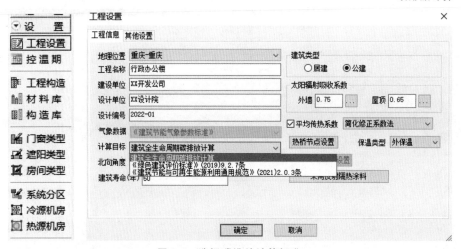

图 4-4　选择碳排放计算标准

【建筑全生命周期碳排放计算】：工程应用较多。

《绿色建筑评价标准》（GB/T 50378—2019）9.2.7：进行建筑碳排放计算分析，采取措施降低单位建筑面积碳排放强度，评价分值为 12 分。

《建筑节能与可再生能源利用通用规范》（GB 55015—2021）2.0.3：新建的居住和公共建筑碳排放强度应分别在 2016 年执行的节能设计标准的基础上平均降低 40%，碳排放强度平均降低 7 $kgCO_2$/（$m^2 \cdot a$）以上。

（2）选择设计使用年限。可根据建筑施工图总说明明确新建建筑的设计使用年限，软件默认为 50 年，本工程为 50 年。

（3）选择计算模式。在其他设置中可设置计算模式，快速计算适合建筑专业做前期初步的碳排放计算，专业计算适合在施工图纸完成、有完整的设备资料后进行。本工程选择快速计算（图 4-5）。

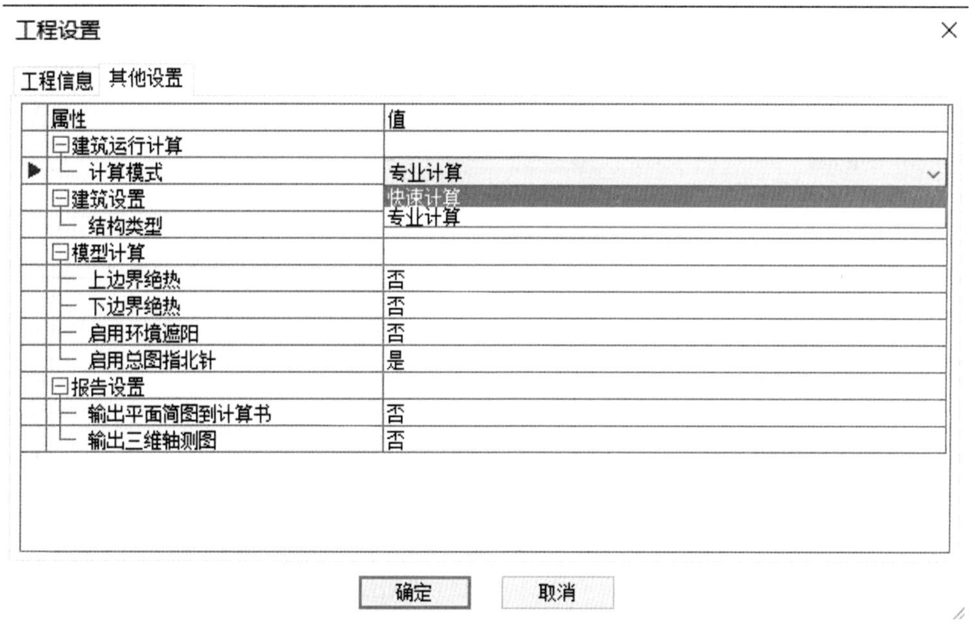

图 4-5　选择计算模式

（4）选择供冷/供暖综合性能系数。单击“供暖综合性能系数”右侧蓝色方框，可查阅规范要求（图 4-6）。

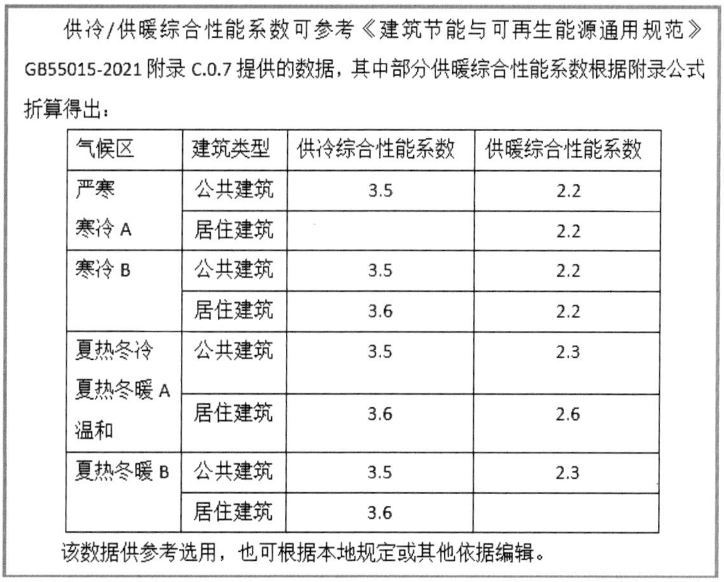

供冷/供暖综合性能系数可参考《建筑节能与可再生能源通用规范》GB55015-2021 附录 C.0.7 提供的数据，其中部分供暖综合性能系数根据附录公式折算得出：

气候区	建筑类型	供冷综合性能系数	供暖综合性能系数
严寒 寒冷 A	公共建筑	3.5	2.2
	居住建筑		2.2
寒冷 B	公共建筑	3.5	2.2
	居住建筑	3.6	2.2
夏热冬冷 夏热冬暖 A 温和	公共建筑	3.5	2.3
	居住建筑	3.6	2.6
夏热冬暖 B	公共建筑	3.5	2.3
	居住建筑	3.6	

该数据供参考选用，也可根据本地规定或其他依据编辑。

图 4-6　供暖综合性能系数规范要求

根据《建筑节能与可再生能源利用通用规范》（GB 55015—2021）要求，本项目供暖综合性能系数确定为 2.3（图 4-7）。

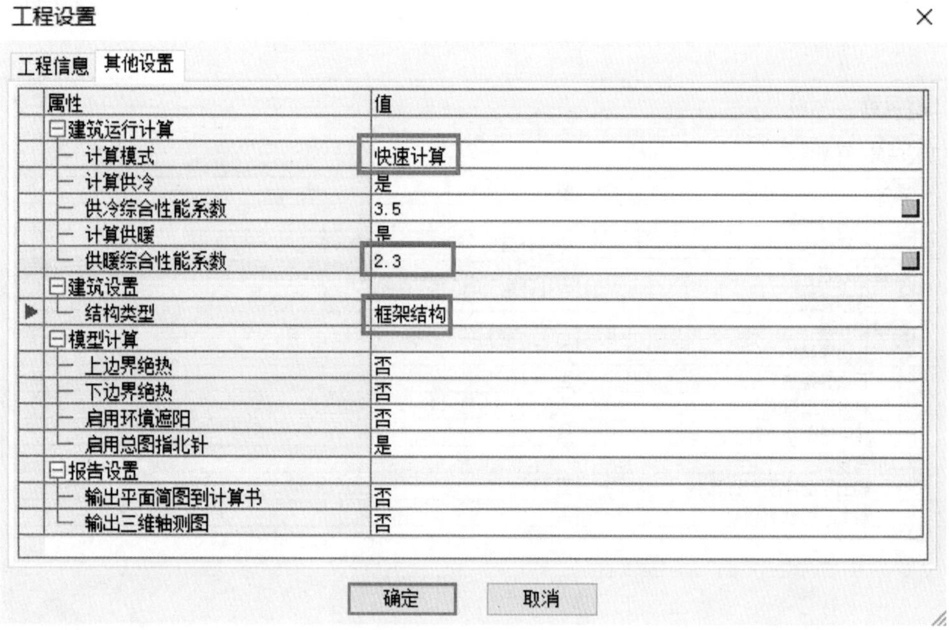

工程设置
工程信息 其他设置
属性 值
建筑运行计算
计算模式 快速计算
计算供冷 是
供冷综合性能系数 3.5
计算供暖 是
供暖综合性能系数 2.3
建筑设置
结构类型 框架结构
模型计算
上边界绝热 否
下边界绝热 否
启用环境遮阳 否
启用总图指北针 是
报告设置
输出平面简图到计算书 否
输出三维轴测图 否
确定 取消

图 4-7 其他设置完整数据

步骤 2：控温期设置。

建筑实际运行阶段，供暖供冷期的起止日期不同地区有不同的规定，可根据实际项目设计运行需求，选择全年 8 760 小时理想供冷供暖。或者自定义供暖供冷期的起止日期（图 4-8）。若项目为学校类建筑，可选择寒暑假的起止日期。本工程选择全年控温期。

也可结合办公楼实际的上班时间，将过年和高温假的时间，以寒暑假的方式扣除。

秦岭淮河以北有法定供暖期，供冷期无明确规定，可根据具体项目设置。

控温期设置
设 置
工程设置
控 温 期
工程构造
材 料 库
构 造 库
门窗类型
遮阳类型
房间类型
系统分区
冷源机房
热源机房
全年
自定义
供暖期
从 11 月 30 日
到 2 月 28 日（次年）
供冷期
从 6 月 14 日
到 8 月 31 日
寒暑假期
寒假：1.15~1.31
暑假：7.15~7.22
选择
确定 取消

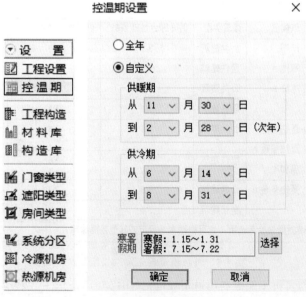

图 4-8 控温期设置

步骤 3：热工设置。

碳排放模拟的热工参数与节能分析热工参数一致，打开节能分析模型，相关热工参数会同样传递到能耗模拟软件内，包括工程构造、门窗类型、遮阳类型、房间类型均与节能模型一致，无须重新设置。

步骤 4：暖通系统设置。

快速计算方式不需要设置空调系统，系统分区、冷源机房、热源机房将不需要设置。可通过修改【工程设置】→【其他设置】，修改为【专业计算】拓展认知（图 4-9）。

图 4-9　快速计算不需要暖通设置

什么是风机盘管？

民用建筑中常见的是半集中式系统，该系统末端的主要耗能部件即末端风机，界面里可以直接输入系统里的末端盘管风机总功率（W）以及同时使用系数。

什么是全空气（定风量）机组？

全空气（定风量）是适用于大空间（商场、展厅）的系统，在【系统分区】里，需要根据设计方案输入送风的单位风量耗功率 $[W/(m^3 \cdot h^{-1})]$ 和设计风量（m^3/h），以及排风机的单位风量耗功率和排风比例。

什么是空气（变风量）机组？

空气（变风量）机组是比定风量系统节能的一种机组，即可根据负荷的下降，一定幅度地降低送风量，从而降低风机功率，在【系统分区】里，需要根据设计方案输入送风的单位风量耗功率 $[W/(m^3 \cdot h^{-1})]$ 和设计风量（m^3/h），以及排风机的单位风量耗功率和排风比例。

什么是单元式空调器？

单元式空调器即家用空调，用户只需要输入供冷供暖的能效比即可。

什么是散热器？

散热器即集中采暖散热器，该设备本身不耗能，热量的消耗都在锅炉等热源。但散热器可以风机盘管、空调器、多联机进行随意组合，由散热器负责供暖，空调负责供冷。

什么是独立新排风？

新风系统是根据在密闭的室内一侧用专用设备向室内送新风，再从另一侧由专用设备向室外排出，在室内会形成"新风流动场"，从而满足室内新风换气的需要。该系统可与多联机、风机盘管、空调器等进行组合使用，保证室内空气的卫生和洁净。

独立新排风需要设置新/排风的单位风量耗功率 $[W/(m^3 \cdot h^{-1})]$，还需要设置排风比例（0～1）。

该设备不支持全空气系统，因为全空气机组往往已经有了新风处理段。

什么是热回收？

新排风热回收是重要的节能措施，通过新风与排风之间用一定设备和措施进行能量的交换，可以节约大量的新风负荷，从而降低整个建筑的能耗。

步骤 5：其他设备参数设置。

该环节设备参数设置与能耗分析一致，可参考能耗分析完成电梯、生活热水、排风机、光伏发电、风力发电五项信息设置。

电梯：询问厂商或查看施工图说明。

生活热水：水专业提供资料，可对照定额表设置大概值。人数按照实际使用人数。

排风机：除整个建筑的新风、回风外，其他有稳定培风需求的功能房间需要考虑，例如，卫生间、集中厨房，但不包括消防的防排烟，因为运营时长不稳定且较短，可以忽略（图 4-10）。

光伏发电：市面上的排风机功率一般在 300 W 以上，1 200 W 以下（图 4-11）。

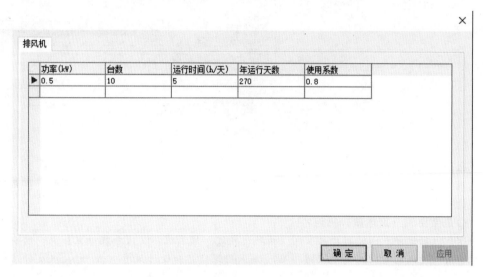

图 4-10 排风机参数设置

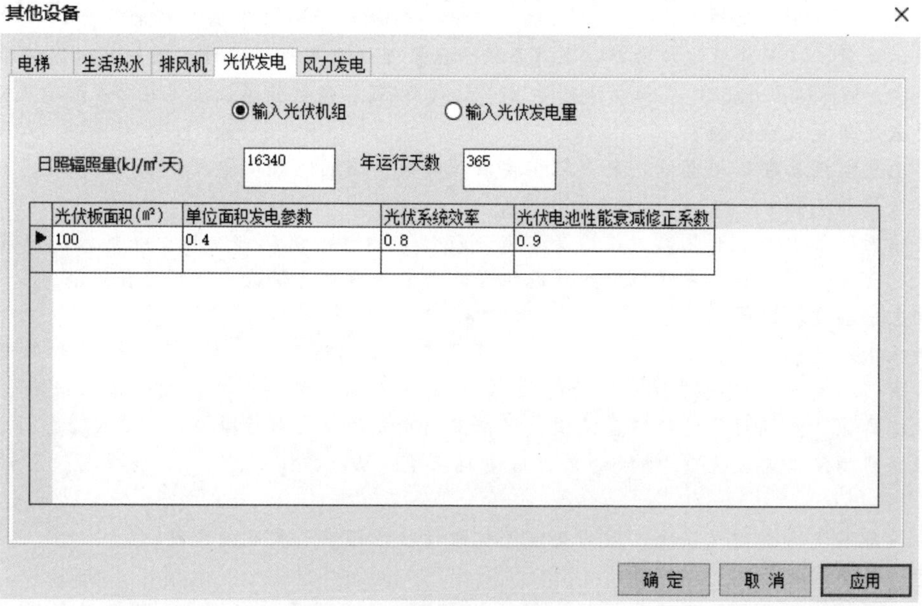

图 4-11 光伏发电参数设置

可用日照分析输出的结果"PV组建发电量计算报告书"（Excel格式），输入光伏发电量。

风力发电：只考虑专属于项目场地的发电机组，城市内的建筑项目很少涉及，乡村地区大面积的发电装置多归属于国家电网而非单个项目。

炊事：在碳排放计算标准中，明确炊事可不计入计算范围，加上涉及阶段很难预估后期炊事燃气的使用情况，但设置炊事可辅助涉及或者科研做数据参考。

对于新建建筑，可预估输入每平方米建筑面积每年平均的燃气使用量。

对于正在运行的建筑，可以直接抄写燃气表数据。

以居住建筑为例，居民每户每月天然气用量大概为 15 m³ 左右，每年大约 180 m³，按照面积估算则为 1.8 m³/（m²·a）。

本工程可假定约等于 10 户居民，设置 1 800 m³/a（图 4-12）。

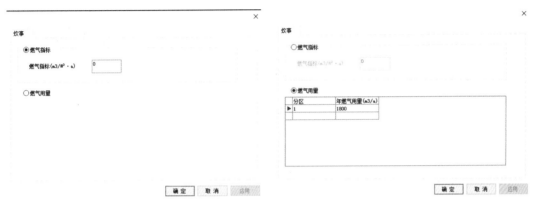

图 4-12 炊事参数设置

设备维护：针对采暖空调和电梯设备维护，由于存在稳定维护周期，需要考虑（图 4-13）。

主要通过维护使用的铜、铁、铝三类金属量计算碳排放。受限于行业发展水平，碳排放的碳足迹标定还无法完全支撑计算，后续可能可要求设备厂商在出场空调和电梯时，标注完整的碳排放数据，则可按照整机的碳足迹计算碳排放。

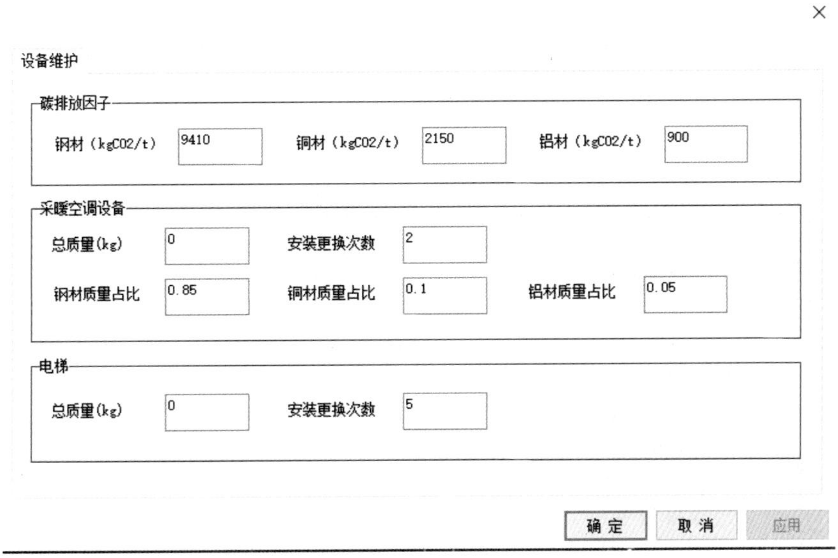

图 4-13 设备围护参数设置

环节四　碳排放计算

步骤1：数据提取。

执行菜单【碳排计算】→【数据提取】命令，单击【计算】按钮，计算完毕后，单击【确定保存】按钮（图4-14）。

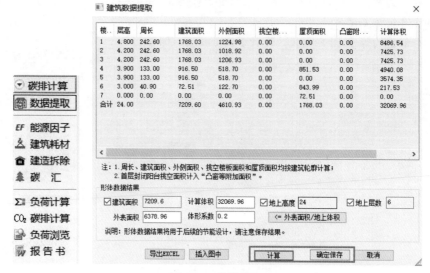

图4-14　数据提取

步骤2：能源因子。

单击【说明】可查看标准说明（图4-15）。

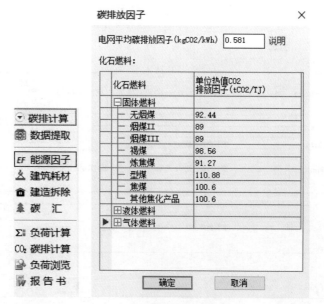

图4-15　碳排放因子默认值

碳排因子说明：《建筑碳排放计算标准》（GB/T 51366—2019）给出的中国区域电网平均二氧化碳排放因子为 2012 年数据，详情见表 4-1 和表 4-2。

表 4-1　2012 年中国区域电网平均 CO_2 排放因子（$kgCO_2/kWh$）

电网名称	排放因子
华北区域电网	0.884 3
东北区域电网	0.776 9
华东区域电网	0.703 5
华中区域电网	0.525 7
西北区域电网	0.667 1
南方区域电网	0.527 1

表 4-2　电网边界包括的地理范围

电网名称	覆盖省市
华北区域电网	北京市、天津市、河北省、山西省、山东省、内蒙古自治区西部（除赤峰、通辽、呼伦贝尔和兴安盟外的内蒙古其他地区）
东北区域电网	辽宁省、吉林省、黑龙江省、内蒙古自治区东部（赤峰、通辽、呼伦贝尔和兴安盟）
华东区域电网	上海市、江苏省、浙江省、安徽省、福建省
华中区域电网	河南省、湖北省、湖南省、江西省、四川省、重庆市
西北区域电网	陕西省、甘肃省、青海省、宁夏回族自治区、新疆维吾尔自治区
南方区域电网	广东省、广西壮族自治区、云南省、贵州省、海南省

软件默认值为中华人民共和国生态环境部公布的 2022 年中国区域电网二氧化碳排放因子：0.581 0 $kgCO_2/kWh$。用户可根据实际情况修改。

步骤 3：建筑耗材计算。

建筑耗材计算建材在生产和运输过程中的碳排放量，主要是根据建筑主要材料量和各自材料的碳排因子进行该阶段的碳排放量计算。

（1）单击【工程指标参考】按钮，按照建筑功能选择，双击建筑类型可自动匹配建筑耗材清单。导入后可逐项检查材料种类（图 4-16）。该部分信息需要施工单位或造价部门提供资料。在前期方案阶段可按照估算录入。导入后依次检查材料，可设置拆除后可回收比例、生产碳排放因子、运输方式、运输距离、材料寿命。

【导入材料表】支持导入斯维尔和广联达算量软件出具的工程量清单自动录入。

（2）通过点选材料右侧方块，可弹出碳排放因子库（图 4-17），库中包括了《建筑碳排放计算标准》（GB/T 51366—2019）和《建筑全生命周期的碳足迹》附录中给出的材料对应碳排放因子可供选择，还包括"用户库"可由用户输入保存。

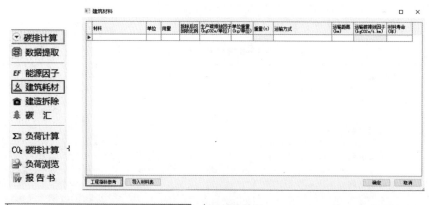

图 4-16　导入耗材清单

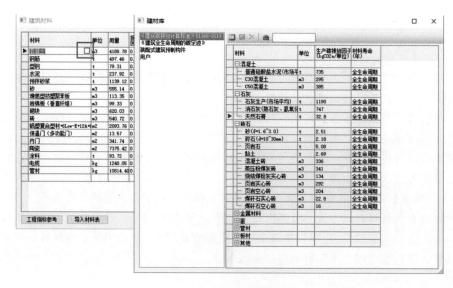

图 4-17　碳排放因子库

（3）建材材料其他信息。

1）拆除后可回收比例。目前的回收比例无法判断得很精准，只能大概估算。钢筋回收比例50％，但拆除的钢筋到再利用还存在加工的碳排放，无法准确估算，只能大概做适当的减法，如回收比例设置为0.45（图4-18）。

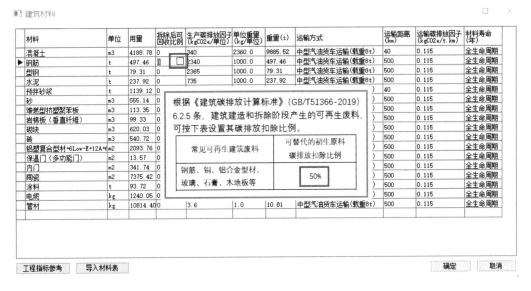

图 4-18　设置材料拆除后回收比例

2）重量＝用量×单位重量。

3）运输方式和运输距离根据工程概预算资料进行输入。方案阶段初步估算即可（图4-19）。

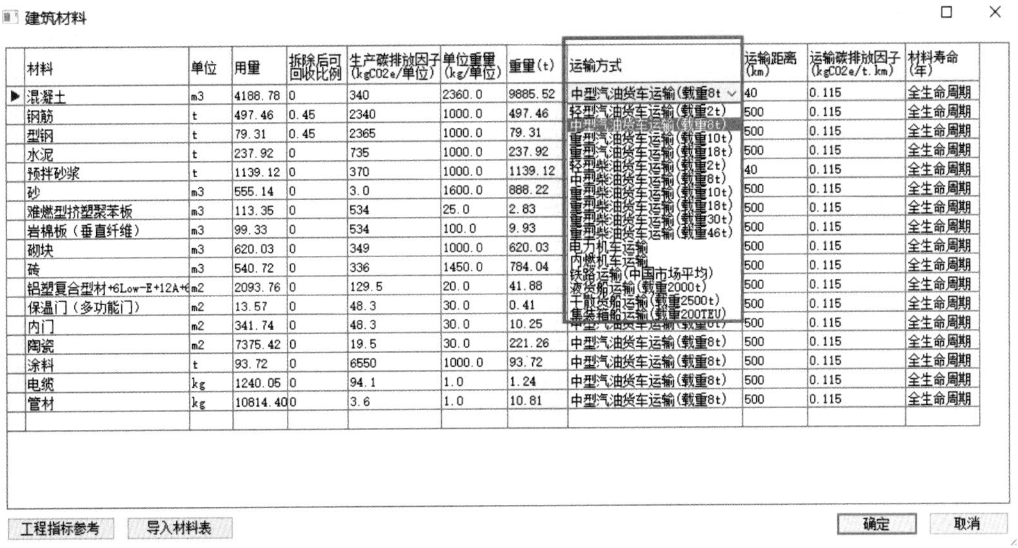

图 4-19　设置材料运输方式

4）材料寿命。保温材料和门窗使用寿命为15～20年（图4-20）。

建筑材料 ☐ ✕

材料	单位	用量	拆除后可回收比例	生产碳排放因子(kgCO2e/单位)	单位重量(kg/单位)	重量(t)	运输方式	运输距离(km)	运输碳排放因子(kgCO2e/t.km)	材料寿命(年)
混凝土	m3	4188.78	0	340	2360.0	9885.52	中型汽油货车运输(载重8t)	40	0.115	全生命周期
钢筋	t	497.46	0.45	2340	1000.0	497.46	中型汽油货车运输(载重8t)	500	0.115	全生命周期
型钢	t	79.31	0.45	2365	1000.0	79.31	中型汽油货车运输(载重8t)	500	0.115	全生命周期
水泥	t	237.92	0	735	1000.0	237.92	中型汽油货车运输(载重8t)	500	0.115	全生命周期
预拌砂浆	t	1139.12	0	370	1000.0	1139.12	中型汽油货车运输(载重8t)	40	0.115	全生命周期
砂	m3	555.14	0	3	1600.0	888.22	中型汽油货车运输(载重8t)	500	0.115	全生命周期
▶ 难燃型挤塑聚苯板	m3	113.35	0	534	25.0	2.83	中型汽油货车运输(载重8t)	500	0.115	20 ▼
岩棉板(垂直纤维)	m3	99.33	0	534	100.0	9.93	中型汽油货车运输(载重8t)	500	0.115	全生命周期
砌块	m3	620.03	0	349	1000.0	620.03	中型汽油货车运输(载重8t)	500	0.115	5
砖	m3	540.72	0	336	1450.0	784.04	中型汽油货车运输(载重8t)	500	0.115	10 / 15
铝塑复合型材+6Low-E+12A+6	m2	2093.76	0	129.5	20.0	41.88	中型汽油货车运输(载重8t)	500	0.115	20
保温门(多功能门)	m2	13.57	0	48.3	30.2	0.41	中型汽油货车运输(载重8t)	500	0.115	25 / 30
内门	m2	341.74	0	48.3	30.0	10.25	中型汽油货车运输(载重8t)	500	0.115	35
陶瓷	m2	7375.42	0	19.5	30.0	221.26	中型汽油货车运输(载重8t)	500	0.115	40 / 45
涂料	t	93.72	0	6550	1000.0	93.72	中型汽油货车运输(载重8t)	500	0.115	50
电缆	kg	1240.05	0	94.1	1.0	1.24	中型汽油货车运输(载重8t)	500	0.115	全生命周期
管材	kg	10814.40	0	3.6	1.0	10.81	中型汽油货车运输(载重8t)	500	0.115	全生命周期

工程指标参考　导入材料表　　　　　确定　取消

图 4-20　设置材料寿命

本项目最终设置好的项目信息参考如图 4-21 所示。

建筑材料 ☐ ✕

材料	单位	用量	拆除后可回收比例	生产碳排放因子(kgCO2e/单位)	单位重量(kg/单位)	重量(t)	运输方式	运输距离(km)	运输碳排放因子(kgCO2e/t.km)	材料寿命(年)
▶ ☐ 混凝土	m3	4188.78	0	340	2360.0	9885.52	中型汽油货车运输(载重8t)	40	0.115	全生命周期
钢筋	t	497.46	0.45	2340	1000.0	497.46	重型汽油货车运输(载重10t)	500	0.104	全生命周期
型钢	t	79.31	0.45	2365	1000.0	79.31	重型汽油货车运输(载重10t)	500	0.104	全生命周期
水泥	t	237.92	0	735	1000.0	237.92	中型汽油货车运输(载重8t)	500	0.115	全生命周期
预拌砂浆	t	1139.12	0	370	1000.0	1139.12	中型汽油货车运输(载重8t)	40	0.115	全生命周期
砂	m3	555.14	0	3	1600.0	888.22	中型汽油货车运输(载重8t)	500	0.115	全生命周期
难燃型挤塑聚苯板	m3	113.35	0	534	25.0	2.83	中型汽油货车运输(载重8t)	500	0.115	20
岩棉板(垂直纤维)	m3	99.33	0	1980	100.0	9.93	轻型汽油货车运输(载重2t)	500	0.334	20
砌块	m3	620.03	0	349	1000.0	620.03	中型汽油货车运输(载重8t)	500	0.115	全生命周期
砖	m3	540.72	0	336	1450.0	784.04	中型汽油货车运输(载重8t)	500	0.115	20
铝塑复合型材+6Low-E+12A+6	m2	2093.76	0.45	129.5	20.0	41.88	电力机车运输	500	0.010	20
保温门(多功能门)	m2	13.57	0	48.3	30.2	0.41	电力机车运输	500	0.010	20
内门	m2	341.74	0	48.3	30.0	10.25	电力机车运输	500	0.010	20
陶瓷	m2	7375.42	0	19.5	30.0	221.26	液货船运输(载重2000t)	500	0.019	全生命周期
涂料	t	93.72	0	6550	1000.0	93.72	铁路运输(中国市场平均)	500	0.010	全生命周期
电缆	kg	1240.05	0	94.1	1.0	1.24	内燃机车运输	500	0.011	20
管材	kg	10814.40	0	3.6	1.0	10.81	内燃机车运输	500	0.011	20

工程指标参考　导入材料表　　　　　确定　取消

图 4-21　建筑材料信息设置参考

步骤 4：建造拆除计算。

建造拆除计算，是计算建筑在建造和拆除施工造成的碳排放量。软件提供两种计算方法，一种是详细计算；另一种是比例估算法。本工程按照比例估算法执行。

（1）详细计算：根据项目情况选择和录入各类机械类型和台班，具体的机械耗能参数已根据《建筑碳排放计算标准》(GB/T 51366—2019) 内置在软件中，由用户选择。

单击【建筑施工机械】右侧按钮【☐】，即可调出【施工机械】面板（图 4-22），将鼠标放置在选定的施工机械行数上，双击鼠标左键确定，再确定台班数量。需在明确施工方案后，才可进行精确计算，现阶段工程实践以"比例估算法"为主。为了解软件操作可每种机械添加

1个，熟悉机械名称。

图 4-22 设置拆除参数

（2）比例估算法：根据建筑碳排放核算成果研究表明，拆除阶段通常为物化阶段（建造和材料生产运输总和）的 10% 左右。因此，该简化计算可直接输入大致比例即可。

勾选页面左上方的【比例估算法】，在对应输入框输入比例数字，本案从上到下可输入【5、5、10】，单击【确定】按钮（图 4-23）。

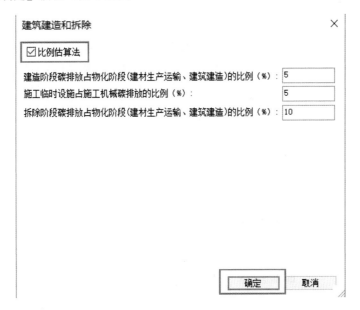

图 4-23 选择拆除阶段计算方式

步骤 5：碳汇计算。

碳汇计算是计算项目绿地碳汇量，可根据项目景观资料输入各类植物的面积即可。软件可新增绿植类别，修改年二氧化碳固定量。本项目可按照图 4-24 所示的数据录入。

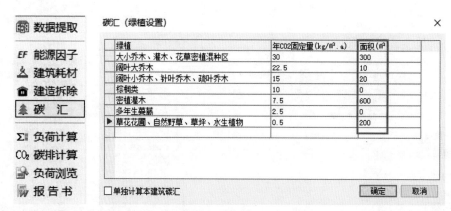

图 4-24 碳汇量计算

勾选【单独计算本建筑碳汇】选项，可计算建筑群内单栋建筑的碳汇量。

步骤 6：负荷计算。

执行【负荷计算】命令，软件将自动调用计算工具，计算结果将显示在任务栏中（图 4-25）。

图 4-25 负荷计算

步骤 7：碳排计算。

执行【碳排计算】命令，可选择具体的计算阶段，软件默认勾选计算选择为标准要求的计算阶段，运行阶段为【可选项】，《建筑碳排放计算标准》（GB/T 51366—2019）没有要求计算，为了满足课题和科研可以选择，可直接按照该计算选项勾选进行计算（图 4-26、图 4-27）。

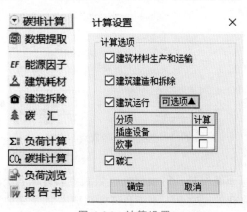

图 4-26 计算设置

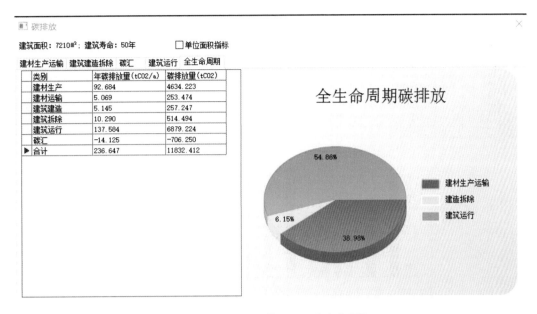

图 4-27　碳排放计算结果—全生命周期

可勾选【单位面积指标】查看结果，还可分别查询具体某一阶段的碳排放。

步骤 8：负荷浏览。

通过负荷浏览，可得到"建筑整体""建筑房间""指定系统""中央冷热源"负荷和能耗计算曲线。执行【负荷浏览】命令，选择【建筑整体】，单击"浏览结果"按钮（图 4-28）。

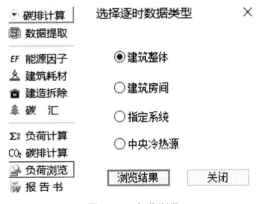

图 4-28　负荷浏览

点选负荷曲线，可直接截图保存，或选择【曲线保存到 BMP】后，粘贴在文档中保存（图 4-29、图 4-30）。

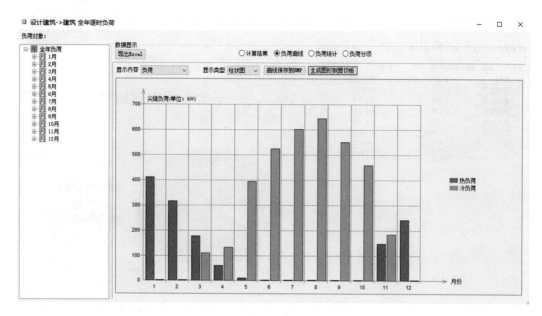

图 4-29 "负荷曲线"浏览

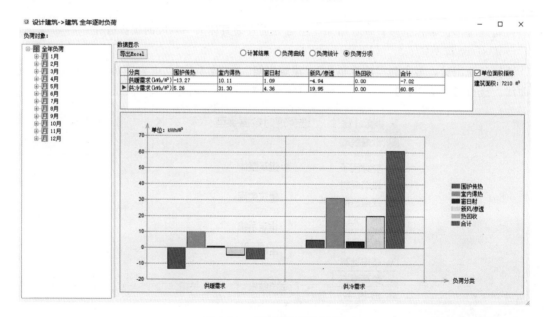

图 4-30 "负荷分项"浏览

环节五 输出报告

步骤 1：全生命周期碳排放报告书，输出示例如图 4-31 所示。

输出报告

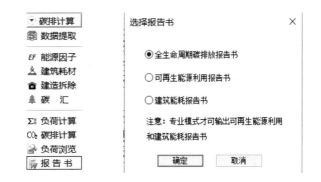

图 4-31　建筑碳排放报告书封面与目录样例

步骤 2：可再生能源利用报告书，输出示例如图 4-32 所示。

图 4-32　建筑可再生能源报告书封面与目录样例

步骤 3：建筑全能耗报告书，输出示例如图 4-33 所示。

建筑全能耗报告书

公共建筑

工程名称	行政办公楼
工程地点	重庆·重庆
设计编号	2022-01
建设单位	双 开发公司
设计单位	XX 设计院
设计人	
审核人	
审定人	
设计日期	2022 年 12 月 19 日

采用软件	建筑碳排放 CEEB2023
软件版本	20220505 (SP1)
研发单位	北京绿建软件股份有限公司
正版授权码	T152I3008992

1

目 录

2

图 4-33　建筑全能耗报告书封面与目录样例

🏆 小 结

本学习情境完成了碳排放模型搭建与分析，具体环节和步骤如下：

环节一前期准备：准备图纸、了解规范、安装软件；

环节二创建模型：在节能模型基础上建立模型、模型检查；

环节三设置参数：工程设置、控温器设置、热工设置、暖通系统设置、其他设备参数设置；

环节四碳排放计算：数据提取、能源因子、建筑耗材计算、建造拆除计算、碳汇计算、负荷计算、碳排计算、负荷浏览；

环节五输出报告：全生命周期碳排放报告书、可再生能源利用报告书、建筑全能耗报告书。

本学习情境涉及名词概念清单如下：

供暖综合性能系数、风机盘管、全空气（定风量）机组、空气（变风量）机组、单元式空调器、散热器、独立新排风、热回收、碳排放能源因子、建筑碳汇。

🏆 课后习题

一、单选题

1. 建筑物碳排放计算应以（　　）为计算对象。

  A. 建筑设计全过程　　　　　　　　B. 单栋建筑或建筑群

  C. 直接碳排放强度　　　　　　　　D. 间接碳排放强度

2. 京都协定书规定的六种温室气体其中组成部分是（　　）。
　　A. 二氧化碳、甲烷　　　　　　　　　　B. 二氧化碳、二氧化硫
　　C. 二氧化氮、二氧化硫　　　　　　　　D. 二氧化碳、氢气

3. 新建的居住和公共建筑碳排放强度应分别在 2016 年执行的节能设计标准的基础上平均降低（　　），碳排放强度平均降低 7 kgCO$_2$/（m^2 • a）以上。
　　A. 25%　　　　　　B. 30%　　　　　　C. 40%　　　　　　D. 50%

4. 以下说法正确的是（　　）。
　　A. 绿色建筑不一定是节能建筑　　　　　B. 节能建筑一定是绿色建筑
　　C. 低碳建筑一定是绿色建筑　　　　　　D. 绿色建筑一定是低碳建筑

5. （　　）侧重于从减少温室气体排放的角度，强调采取一切可能的技术、方法和行为来减缓全球气候变暖的趋势。
　　A. 绿色建筑　　　　B. 节能建筑　　　　C. 低碳建筑　　　　D. 低能耗建筑

6. 碳排放因子是指将能源与材料消耗量与二氧化碳排放相对应的系数，用于量化建筑物（　　）相关活动的碳排放。
　　A. 相同时期　　　　B. 不同时期　　　　C. 相同阶段　　　　D. 不同阶段

7. 国家标准《民用建筑供暖通风与空气调节设计规范》（GB 50736—2012）规定："夏热冬冷地区主要房间宜采用（　　）℃。"
　　A. 18～24　　　　　B. 16～22　　　　　C. 16～24　　　　　D. 18～22

8. 建筑碳排放计算模型中建筑分区应考虑建筑物理分隔、建筑区域功能、为分区提供服务的暖通空调系统、区域内采光（通过外窗或天窗）情况。以下说法不正确的是（　　）。
　　A. 按物理分区进行划分，如墙体、隔断、卷帘等
　　B. 如同一物理分区内由不同暖通空调系统提供服务，则按暖通空调系统的服务区域进行划分
　　C. 如果物理分区内有不同的功能，则应按功能将物理分区进行划分，确保每个分区内只有一种功能
　　D. 由同一暖通空调系统和照明系统提供服务，且功能相同的分区应分开计算

二、多选题

1. 新建、扩建和改建建筑以及既有建筑节能改造均应进行建筑节能设计。建设项目可行性研究报告、建设方案和初步设计文件应包含（　　）。
　　A. 建筑能耗报告书　　　　　　　　　　B. 建筑可再生能源利用报告书
　　C. 建筑碳排放分析报告书　　　　　　　D. 绿化建筑降碳措施报告书
　　E. 建筑节能运行降碳报告书

2. 建筑运行阶段碳排放计算范围应包括（　　）在建筑运行期间的碳排放量。
　　A. 暖通空调　　　　B. 生活热水　　　　C. 照明及电梯　　　　D. 可再生能源
　　E. 建筑碳汇系统

3. 关于建筑建造和拆除阶段的碳排放的计算边界的相关规定，以下说法正确的有（　　）。
　　A. 建造阶段碳排放计算时间边界应从项目开工起至项目竣工验收止，拆除阶段碳排放计算时间边界应从拆除起至拆除肢解并从楼层运出止
　　B. 建筑施工场地区域内的机械设备、小型机具、临时设施等使用过程中消耗的能源产生的碳排放应计入
　　C. 现场搅拌的混凝土和砂浆、现场制作的构件和部品，其产生的碳排放可不计入
　　D. 现场搅拌的混凝土和砂浆、现场制作的构件和部品，其产生的碳排放应计入
　　E. 建造阶段使用的办公用房、生活用房和材料库房等临时设施的施工和拆除可不计入

三、填空题

1. 建筑行业年排放二氧化碳_____千吨及以上的宾馆饭店、金融、商贸、公共机构等单位会被纳入碳交易机制。

2. 在建筑全生命周期内直接（煤、油、天然气）或间接_____消费的各类化石能源排放的温室气体之和，以二氧化碳当量表示。

3. 进行建筑碳排放计算分析，采取措施降低_____碳排放强度，评价分值为 12 分。

4. _____是指在划定的建筑物项目范围内，绿化、植被从空气中吸收并存储的二氧化碳量。

扫码练习并查看答案

声环境分析

说出室外声环境分析依据的规范名称及编号；说出声源、声环境功能区、声屏障等基础概念；说出室内声环境分析依据的规范名称及编号；说出吸声系数、隔声等基础概念。

活页式表单

PPT

能力目标 ●

能独立运用软件建立室外声环境分析模型，并输出室外声环境分析报告；能独立运用软件建立室内声环境分析模型，并输出构件隔声计算书或室内噪声级分析报告；能针对报告反馈的问题，在教师引导下提出初步解决方案。

素养目标 ●

通过数字软件建立模型，提升信息素养和工程思维；通过排查模型问题、分析报告，培育工匠精神和科学精神。

05-1 室外声环境分析

典型工作环节 ●

典型工作环节如图 5-1 所示。

图 5-1 典型工作环节

105

（1）前期准备：收集项目图纸；收集国家及地方标准、规范、图集；识读图纸；安装软件。

（2）创建模型：创建室内声环境分析模型，包括场地内建筑轮廓及编号、场地外有遮挡影响的建筑、场地红线、场地车道、人行道、人行活动区域、绿化区域等。

（3）设置参数：内容包括项目基本参数，如地理位置、执行标准等；噪声计算设置包括网格尺寸、项目地点的空气参数、地面效应等；声功能区设置，根据项目实际需求选择对应的声功能区。

（4）噪声计算：三维观察室外总图模型，检查无误后进行噪声计算。

（5）输出报告：复核声环境分析结果是否满足标准要求。根据具体项目要求，输出室外声环境分析报告。

每一工作环节均可按照"资讯—计划—实施—检查—评价"开展学习。

环节一　前期准备

前期准备

（1）项目图纸：全套施工图纸、效果图。周边交通情况（地图数据或环评数据）。

（2）主要标准规范、图集和政策文件：

1）《声环境质量标准》（GB 3096—2008）。

2）《建筑环境通用规范》（GB 55016—2021）。

3）《绿色建筑评价标准》（GB/T 50378—2019）。

4）《绿色建筑评价标准技术细则》（2019）。

5）《环境影响评价技术导则 声环境》（HJ 2.4—2021）。

6）《声环境功能区划分技术规范》（GB/T 15190—2014）。

7）《民用建筑绿色性能计算标准》（JGJ/T 449—2018）。

（3）安装软件：安装方式参考学习情境二，软件成功安装、打开后，界面如图5-2所示。

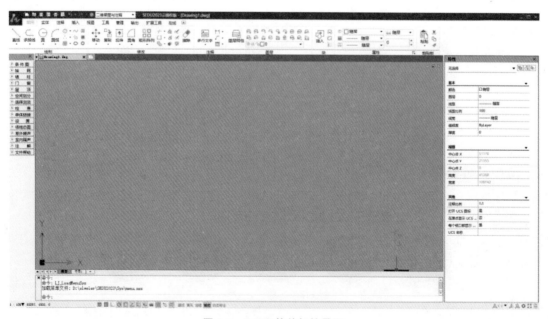

图 5-2　SEDU 软件初始界面

创建模型

环节二　创建模型

步骤1：总图梳理。

对项目的建筑总平面图进行梳理，保留与声环境分析的总图元素（场地内建筑轮廓及编号、场地外有遮挡影响的建筑、场地红线、场地车道、绿化区域、场地红线外的交通线路）。

步骤2：建总图框。

将"节能分析"建立的单体模型单独复制到声环境分析文件夹，利用声环境分析软件打开该模型图纸。将"步骤1"中梳理好的建筑总图，打开后直接复制到打开的分析模型图纸内，按比例放大或缩小至匹配单体分析模型的尺寸（一般是放大1 000倍或缩小0.001）。

执行【场地总图】→【建总图框】命令，根据总图的红线范围确定两个合适的角点，建立总图框。

对齐点选择单体分析模型中楼层框对应的点位（图5-3）。

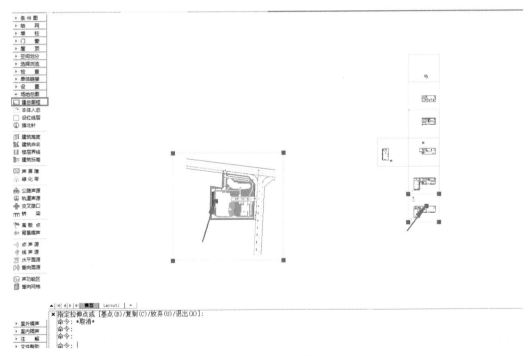

图5-3　建总图框

步骤3：单位设置。

执行【条件图】→【单位设置】命令，确认分析模型图纸的单位统一为毫米或米。本案例为毫米。

步骤4：本体入总。

执行【场地总图】→【本体入总】命令，单体分析模型会自动形成总图分析模型嵌入到总图框对应的位置（图5-4）。

步骤 5：检查方位。

手动查看【本体入总】后的总图分析模型是否匹配总图方位，若不匹配，检查总图北向角度是否正确（软件模型设置为 90° 为正北向）。执行【注解】→【指北针】命令，根据项目实际总图北向角度（图 5-5），重新建立北向角度。本案例设置总图北向角度为 180°。

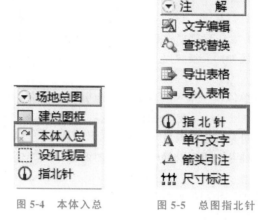

图 5-4　本体入总　　　　图 5-5　总图指北针

步骤 6：设红线层。

执行【场地总图】→【设红线层】命令，选择总图红线（必须是多段线才可被识别）。选定被选择的红线，图层若变成了【总-红线】，则成功识别。若不是，则检查原总图红线是否为多段线或多段线是否首尾相连（不能是几段多线段组合）。

步骤 7：周边模型建立。

执行【场地总图】→【建筑高度】命令（图 5-6），选择建筑轮廓线，根据周边模型的高度，设定【建筑高度】（需和单位设置中设定一致），然后根据总图标高信息，设定该周边模型的底标高。本案例底标高均为"0"。根据上述操作依次建立所有的周边模型。

执行【场地总图】→【建筑命名】命令（图 5-6），对周边模型和分析模型的名称按照项目实际进行命名。需注意的是，只有在对建筑命名后，该建筑才会在后续分析报告书内参与达标分析，否则不予统计。因此，需根据分析目标，合理选择命名的建筑模型。本案例选择需查看周边模型和分析模型的声环境分析情况，因此对所有模型进行命名。

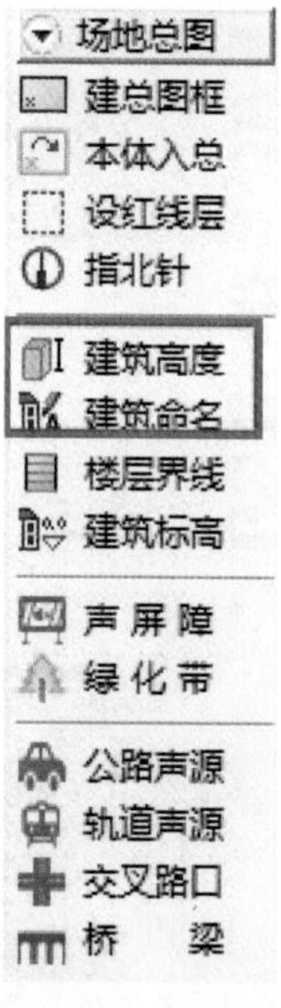

步骤 8：声源模型建立。

通过地图软件，查询场地周边的交通组织情况，建立项目的声源模型。

（1）公路声源。执行【场地总图】→【公路声源】命令，设定项目红线内和红线外的公路声源参数，包括路面类型、道路宽度情况（根据总图梳理后的道路路径绘制，宽度信息可通过总图信息获取或地图信息获取）、昼夜车流量情况（如无法准确了解公路车流情况，软件提供车

图 5-6　周边模型建立

流参数参照值设定，选定后可将路面类型、车道数、设计车速、车流量数据自动匹配到该声源模型）（图 5-7）。

（2）轨道声源。执行【场地总图】→【轨道声源】命令，根据实际情况设定红线外的轨道声源参数，包括轨道名称、昼夜间车速、测点距离（测量列车声级时，测点距离列车的距离）、

测点声级（测量点的声级结果）。若无实测值，可根据软件提供的"参考值"进行类比设定，即根据周边轨道情况，选定类似的参考设置（图 5-8）。

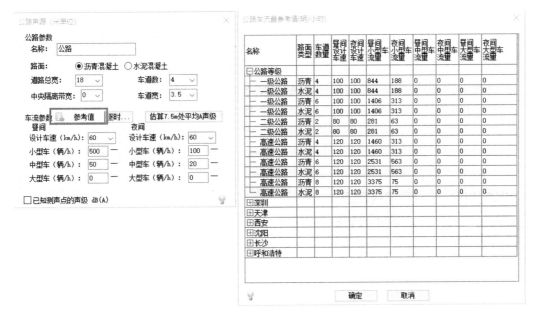

图 5-7　公路声源参数设定

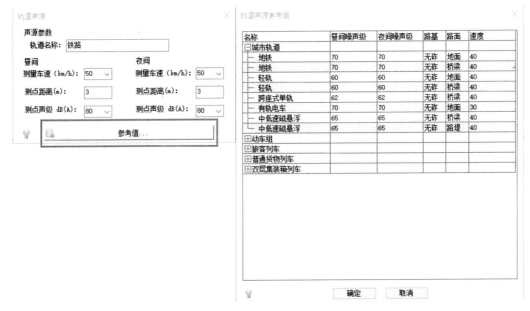

图 5-8　公路声源参数设定

（3）交叉路口。若项目公路存在交叉的情况，会使该区域的周边噪声增加，需要执行【场地总图】→【交叉路口】命令，绘制出两条公路的交叉路口范围。

（4）桥梁。若项目周边交通组织存在高架桥、桥梁或者一定标高的公路，均可通过该操作建立。执行【场地总图】→【桥梁】命令，根据总图梳理后保留的桥梁路径，设定好桥路宽度信息后进行绘制，绘制结束后，根据实际情况，设定其高度信息。

（5）点声源。若项目建筑周边存在已明确的施工噪声、设备机房噪声、空调室外机噪声、空调冷却塔噪声等噪声源，可通过执行【场地总图】→【点声源】命令建立声源模型。若已知该声源的噪声功率值，直接手动输入即可，否则单击【参考值】按钮，根据同类声源参考值进行选定设置。选定参考值后，在确定位置放置该点声源即可（图 5-9）。

（6）线声源。若可以明确项目较远区域存在轨道交通、公路声源。可将该声源考虑为线声源，纳入分析，通过执行【场地总图】→【线声源】命令，建立声源模型。根据总图梳理后保留的声源路径，绘制线声源，绘制后根据该声源的噪声功率值或测点的声级，手动输入数据即可，否则单击【参考值】按钮，根据同类声源参考值进行选定设置（图 5-10）。

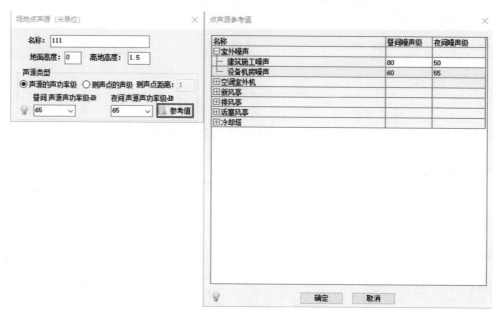

图 5-9　点声源参数设定

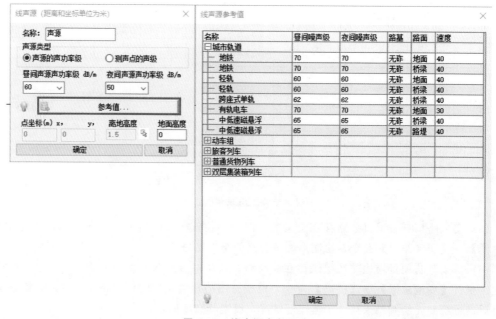

图 5-10　线声源参数设定

（7）面声源。若项目周边存在部分噪声值较大的场所（如室外停车场、运动场地、集市等），可通过执行【场地总图】→【水平面源】或【垂直面源】命令，考虑该区域对项目的影响。根据总图梳理后保留的声源区域，绘制面声源，绘制后根据该声源的噪声功率值或测点的声级，手动输入数据即可，否则单击【参考值】按钮，根据同类声源参考值进行选定设置（图5-11）。

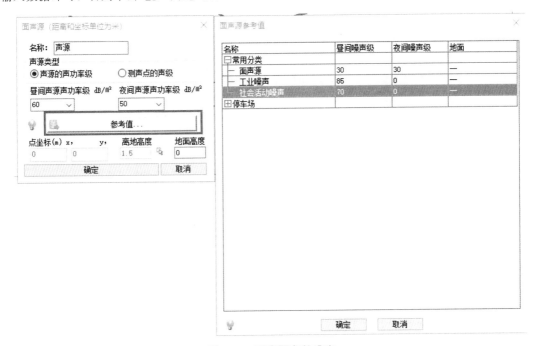

图 5-11　面声源参数设定

经查询，本案例仅存在周边公路声源和交叉路口，据实建立声源模型。

步骤 9：遮挡模型建立。

（1）声屏障。在噪声传播中，遇到建筑物、围墙、树木、山坡等均能对噪声传播造成影响，在一定程度上削减噪声影响。若项目红线范围内存在类似障碍物，可执行【场地总图】→【声屏障】命令，根据总图梳理后保留的声屏障路径，绘制遮挡模型。设定声屏障高度信息、标高信息。完成遮挡模型建立。本案例无声屏障。

（2）绿化带。一定高度和密度的绿化林带使声波衰减，有降噪的作用，若项目周边存在绿化林带，可执行【场地总图】→【绿化带】命令，根据总图梳理后保留的绿化区域轮廓，绘制遮挡模型（仅考虑高度 3 m 以上的绿化带对降噪有效果）。设定绿化带高度信息、标高信息。完成遮挡模型建立。本案例考虑高度 3 m 的绿化带。

步骤 10：整体模型检查。

在进行上述步骤的模型建立后，可对项目室外声环境分析模型进行检查。单击鼠标右键，执行【模型观察】命令，查看项目的各类模型是否建立准确，若存在局部模型错误的情况，请核实图纸和模型建立操作，重新对错误模型进行处理。

本案例经检查，模型无错误，可以进行下一环节操作（图5-12、图5-13）。

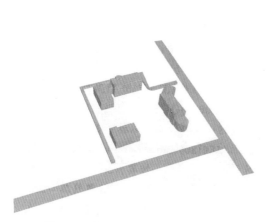

图 5-12　声环境分析模型三维轴测图

图 5-13　声环境分析模型二维平面图

环节三　设置参数

设定当前建筑项目的基本信息、交通声源、交叉路口、计算设置等计算条件。

步骤 1：基本信息设置。

地理位置、建筑类型、工程名称、建设单位、设计单位、设计编号等基本信息与节能分析设置一致。

设置参数

步骤 2：噪声计算设置。

针对统计和评价的设置，建筑物单体噪声最大值统计方式一般推荐【取距建筑物全部立面网格点】，其余参数可按照软件默认设置（图 5-14）。

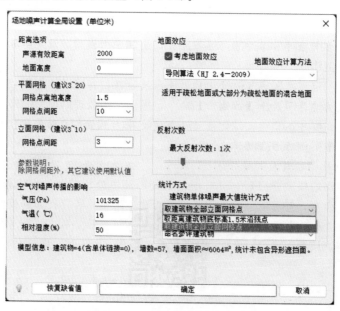

图 5-14　场地噪声计算全局设置

步骤 3：声功能区设置。

根据项目实际的需求及区域类型，将交通声源、用地红线和偏移的线的位置，用多段线连接成闭合的区域。根据区域类型选择 0 类到 4b 类（图 5-15）。

若项目采用《绿色建筑评价标准》(GB/T 50378—2019)进行噪声模拟时，无须绘制声功能区。本案例不进行声功能区设置。

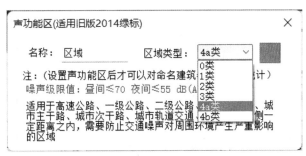

图 5-15　声功能区设置

环节四　噪声计算

步骤 1：结果显示设置。

执行【室外噪声】→【噪声计算】命令，选定分析区域进行噪声计算，计算完成后可对结果显示进行设置。包括昼/夜时段、出图类型、彩图分析参数等。本案例按照默认设置（图 5-16）。

步骤 2：计算结果检查。

分析结果在图纸上显示后可对结果手动检查其是否正确。检查分析区域是否均出现数据结果，检查分析建筑边界是否存在数据结果，检查建筑围合范围内是否出现数据结果（图 5-17、图 5-18）。

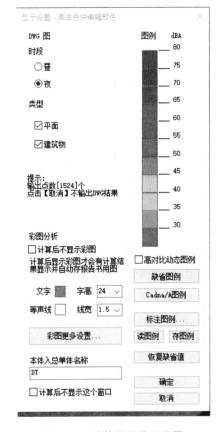

图 5-16　计算结果显示设置

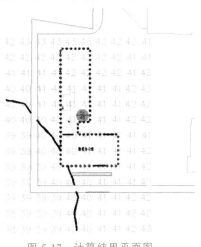

图 5-17　计算结果平面图

执行【室外噪声】→【彩图分析】命令，可对项目分析结果的显示效果图进行设置、保存。

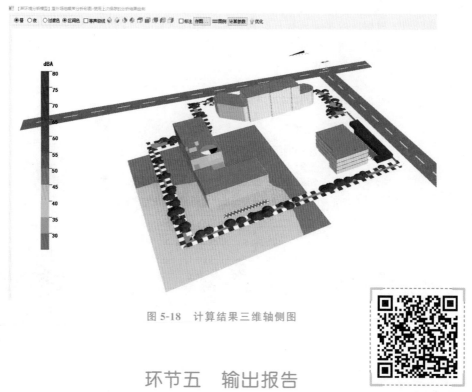

图 5-18　计算结果三维轴侧图

环节五　输出报告

噪声计算后，执行【室外噪声】→【噪声报告】命令，根据需求输出报告书，报告书如实反映设定的计算目标（场地噪声分布、噪声敏感建筑噪声分布情况）及内容（图 5-19）。

输出报告

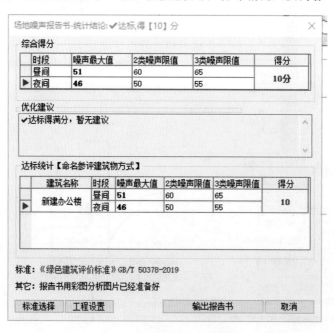

图 5-19　噪声报告输出设置

05-2　室内声环境分析

🏆 **典型工作环节** ●

典型工作环节如图 5-20 所示。

图 5-20　典型工作环节

（1）前期准备：收集项目图纸；收集国家及地方标准、规范、图集；识读图纸；安装软件。

（2）创建模型：创建基本模拟模型，包括墙、柱、梁、门窗等。

（3）设置参数：内容包括标准选择，根据计算目标，选择合适的计算标准；项目基本参数；边界噪声设置；室内声源设置；房间类型设置等。

（4）隔声计算：包括构件隔声计算和室内隔声计算。

（5）输出报告：复核分析结果是否满足标准要求。根据具体项目要求，选择输出构件隔声计算书或室内噪声级分析报告。

每一工作环节均可按照"资讯—计划—实施—检查—评价"开展学习。

环节一　前期准备

（1）项目图纸：全套施工图纸、效果图。

（2）主要标准规范与图集如下。

1）《民用建筑隔声设计规范》（GB 50118—2010）。

2）《建筑环境通用规范》（GB 55016—2021）。

3）《建筑隔声与吸声构造》（08J931）。

4）《剧场、电影院和多用途厅堂建筑声光学设计规范》（GB/T 50356—2005）。

5）《绿色建筑评价标准》（GB/T 50378—2019）。

6）特殊类型建筑设计规范。

前期准备、创建
模型和设置参数

环节二　创建模型

根据项目单体设计图纸进行建模，具体建模步骤参考"学习情境二 节能分析"；或直接利用进行节能计算或其他单体建模计算时已经建立的模型。

环节三　设置参数

根据计算目标，进行标准选择、工程信息设置、边界噪声设置、室内声源设置、房间类型设置、工程构造设置、门窗类型设置、撞击声设置等。

步骤 1：标准选择。

根据室内噪声计算目标，选择对应的计算标准（图 5-21）。

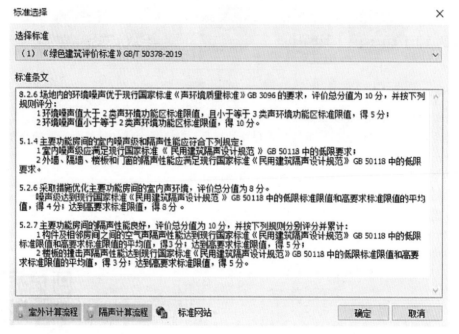

图 5-21　标准选择

步骤 2：工程信息设置。

根据项目实际信息，设置工程基本信息。若打开的是节能分析模型，在节能分析阶段已经设置完成，本阶段可不再单独设置。

步骤 3：边界噪声设置。

设定建筑外围护结构的边界噪声值，软件提供以下三种输入方式。

（1）局部设置：执行【室内隔声】→【边界噪声】命令，选择【局部设置】，设定昼夜室外噪声级情况（通常是实测参数），然后选定需要设置的外围护结构即可，该设置适用于项目有实测数值，则根据实际值进行填写。

（2）全局默认设置：执行【室内隔声】→【边界噪声】命令，选择【全局默认设置】，可根据标准要求的各类声功能区要求限值，默认输入边界噪声值。设置全部围护结构边界噪声值。

（3）场地环境噪声计算结果读取：执行【室内隔声】→【边界噪声】命令，选择【查询】，若项目进行了室外场地环境噪声模拟，可直接读取边界噪声，赋予到各围护结构中。

需要注意的是，室外噪声计算时可用本体入总和单体链接两种方式，在提取边界噪声时分别对应以下两种方法。

本体入总：室外噪声模拟得到的噪声值可直接单击【边界噪声】命令，边界噪声自动提取到边界参与隔声计算。

单体链接：室外噪声计算完成后，打开单体图，软件自动完成边界噪声提取。若一个单体模型在总图中对应多处位置，可根据窗口提示选择相应建筑的边界值。

本案例室外噪声计算采用本体入总方式，边界噪声直接提取（图5-22）。

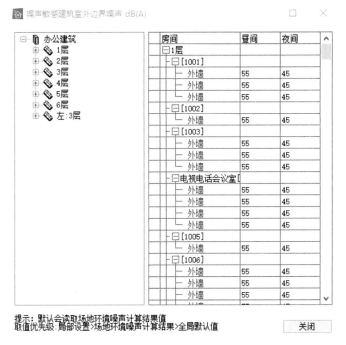

图 5-22 边界噪声设置

步骤4：室内声源。

根据项目实际设计信息，可以对建筑内的噪声源进行设置（图5-23）。选取产生噪声的房间，进行设置，如设备机房、洗衣房等。本案例无室内声源。

图 5-23 设置室内噪声源

步骤 5：房间类型。

根据项目实际建筑类型和房间功能，设定噪声敏感房间（图 5-24）。

步骤 6：工程构造。

室内声环境计算主要是对围护结构自身的隔声性能参数进行详细设置。在工程构造设置时，若是直接采用的节能设计模型，其构造信息会同时录入；若是单独建模，需根据项目实际设计情况，进行构造设置。该阶段的材料隔声量设置，主要是通过公式计算和类比计算两种方式，软件默认采用公式法计算隔声量。用户可灵活选择其一进行设置，通常对于面密度小、隔声性能好的轻质隔墙，多采用类比法计算。类比计算设置时，需取消【公式计算】勾选状态，单击【导入分频】或【导入计权】，在数据库中选择与设计一致的构造，若无相同构造，应考虑面密度相近的构造。其中

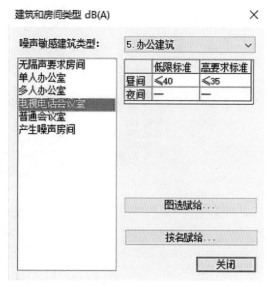

图 5-24 设置房间类型

门、窗的隔声性能参数设置仅提供类比计算方式。本案例外墙/隔墙按照类比法计算，其他按照公式法计算（图 5-25）。

注意：应优先选择分频数据库，计权数据库无法进行组合墙的计算，在进行室内噪声计算时结果可能不准确。

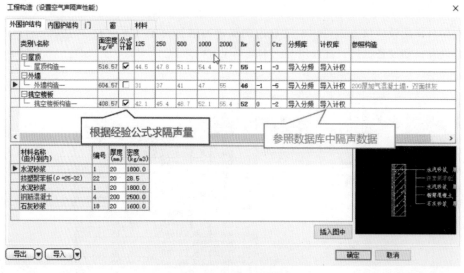

图 5-25 材料隔声量计算设置

步骤 7：撞击声设置。

对项目楼板的撞击声隔声参数进行设置，软件提供类比计算，单击【导入分频】或【导入图集】按钮，在数据库中选择与设计一致或类似的构造。楼板撞击声压级无法通过经验公式计算，一般采用实验室检测数据作为参照。可从数据库中选择与实际构造相近的做法，以此为依

据进行撞击声达标判定。本案例按照导入分频设置。

步骤 8：吸声参数设置。

室内噪声级计算会受到房间内部构件吸声量的影响。执行【室内隔声】→【吸声系数】命令，可对项目的门窗/墙板的吸声参数进行设置，单击【导入】按钮，选择与设计一致或类似的构造。

步骤 9：门窗缝隙设置。

在门窗施工过程中，一般情况下门窗与墙之间都会留下缝隙，而一般的缝隙填充材料对降低隔声几乎没有实际的效果，所以，该缝隙对组合墙的隔声性能影响较大。执行【室内隔声】→【窗墙缝隙】命令，可对项目的门窗缝隙宽度进行设置，若明确了其实际宽度，按照数据设置，若不明确，按照默认设置即可。

注意：一般的门窗与墙之间的缝隙为 5 mm（装配式）和 10 mm（非装配式）。

步骤 10：隔声公式设置。

软件提供构件分频隔声量计算公式的选择，标准对计算公式未做明确要求，可根据项目需求，选择合适的计算公式（图 5-26）。

构件分频隔声量计算公式 ✕

m ≥ 200 (kg/m2)时：

$R = 23 * \lg(m) + 11 * \lg(f) + -41$

m < 200 (kg/m2)时：

$R = 13 * \lg(m) + 11 * \lg(f) + -18$

公式来源　《建筑隔声设计—空气声隔声技术》康玉成 ▾

备　注　[   ]

说　明　R：构件分频下的隔声量
　　　　m：面密度（kg/m2）
　　　　f：频率（HZ）

[确定]　　[取消]

图 5-26　设置隔声公式

环节四　隔声计算

隔声计算

步骤 1：室内隔声计算。

设置所有参数后，执行【室内隔声】→【隔声计算】命令，可对建筑隔声性能进行计算，结果界面显示建筑达标得分情况、室内噪声级、分析房间各室内构件空气声隔声性能、分析房间各室内构件撞击声隔声性能等（图 5-27）。

步骤 2：构件隔声计算。

设置所有参数后，执行【室内隔声】→【构件隔声】命令，在弹出的"围护结构隔声性能"

面板中，可对建筑各类构件隔声性能和楼板的撞击声隔声性能进行计算（图 5-28）。

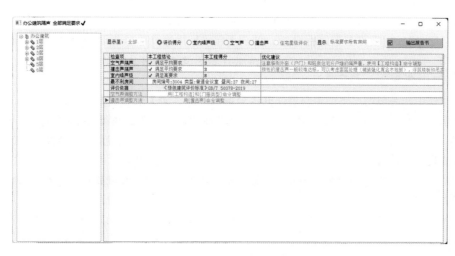

图 5-27　室内隔声计算

图 5-28　围护结构
隔声性能

环节五　输出报告

隔声计算后，执行【隔声报告】命令，选择输出【构件隔声性能】计算报告（主要输出建筑各类构件的空气声隔声量计算结果和楼板撞击声隔声性能计算结果）或室内噪声级计算报告（可选择输出最不利房间的噪声计算结果或指定的房间噪声计算结果）（图 5-29）。

输出报告

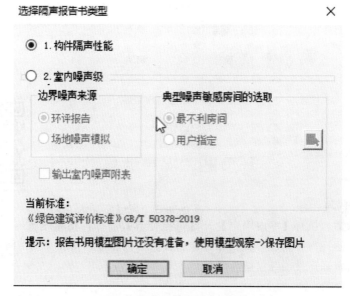

图 5-29　选择隔声报告书类型

🏆 小　结 ●

本学习情境完成了声环境模型搭建与分析。

05-1 室外声环境具体环节和步骤如下。

环节一前期准备：准备图纸、了解规范、安装软件；

环节二创建模型：总图梳理、建总图框、单位设置、本体入总、检查方位、设红线层、周边模型建立、生源模型建立、遮挡模型建立、整体模型检查；

环节三设置参数：基本信息设置、噪声计算设置、声功能区设置；

环节四噪声计算：数据提取、能耗计算、节能检查；

环节五输出报告：室外声环境分析报告。

05-2 室内声环境具体环节和步骤如下。

环节一前期准备：准备图纸、了解规范、安装软件；

环节二创建模型：在室外声环境模型基础上创建模型；

环节三设置参数：标准选择、工程设置、边界噪声、室内生源、房间类型、撞击声设置、吸声参数设置、门窗缝隙设置、隔声公式设置；

环节四隔声计算：室内隔声计算、构件隔声计算；

环节五输出报告：室外声环境分析报告。

本学习情境涉及名词概念清单如下：

声源、点声源、线声源、面声源、声环境功能区、声屏障、吸声系数、隔声、室内噪声级。

🏆 课后习题 ●

一、单选题

1. 以下选项中，（　　　）不属于室外声环境分析的典型工作环节。

　　A. 前期准备　　　　　B. 创建模型　　　　　C. 设置参数　　　　　D. 隔声计算

2. 以下选项中，关于声环境功能区叙述错误的是（　　　）。

　　A. 0 类声环境功用区：指康复疗养区等特别需求安静的区域

　　B. 1 类声环境功用区：指以居民住宅、医疗卫生、文化教育、科研设计、行政办公为主要功用，需求坚持安静的区域

　　C. 2 类声环境功用区：指以商业金融、集市贸易为主要功用，或者寓居、商业、工业混杂，需求维护住宅安静的区域

　　D. 4 类声环境功用区：指以工业消费、仓储物流为主要功用，需求避免工业噪声对四周环境产生严重影响的区域

3. 1 类声环境功能区的环境噪声等效声级限值为（　　　）。

　　A. 昼间 50 dB/夜间 40 dB　　　　　　　　B. 昼间 55 dB/夜间 45 dB

　　C. 昼间 60 dB/夜间 50 dB　　　　　　　　D. 昼间 65 dB/夜间 55 dB

4. 声源的类型按其几何形状特点可分为点声源、（　　　）和面声源。

　　A. 线声源　　　　　B. 球声源　　　　　C. 公路声源　　　　　D. 轨道声源

5. 进行室外声环境计算时，需要通过地图软件，查询场地周边的交通组织情况，建立项目的（　　　）。

A. 周边模型　　　　　B. 遮挡模型　　　　　C. 道路模型　　　　　D. 声源模型

6. 在声源和接收者之间插入一个设施，使声波传播有一个显著的附加衰减，从而减弱接收者所在的一定区域内的噪声影响，这样的设施就称为（　　　）。

A. 风屏障　　　　　B. 声屏障　　　　　C. 光屏障　　　　　D. 热屏障

7. 以下选项中，（　　　）不属于室内声环境分析时需要参考的主要标准规范。

A.《民用建筑隔声设计规范》（GB 50118—2010）

B.《建筑环境通用规范》（GB 55016—2021）

C.《声环境质量标准》（GB 3096—2008）

D.《建筑隔声与吸声构造》（08J931）

8. 进行室内声环境计算时，需要对围护结构自身的隔声性能参数进行详细设置，对于材料隔声量设置，软件默认采用（　　　）计算隔声量。

A. 类比计算　　　　　B. 公式计算　　　　　C. 模拟计算　　　　　D. 测量计算

9. 根据声波传播方式的不同，通常把隔声分成两类：一类是空气声隔声；另一类是（　　　）隔声。

A. 撞击声　　　　　B. 打击声　　　　　C. 振动声　　　　　D. 敲击声

10.（　　　）是指材料吸收和透过的声能与入射到材料上的总声能之比。

A. 隔声系数　　　　　B. 降噪系数　　　　　C. 吸声系数　　　　　D. 清晰度指数

二、多选题

1. 进行室外声环境分析时，在完成"设红线层"步骤后，还需要完成的步骤有（　　　）。

A. 周边模型建立　　　　　　　　　　B. 声源模型建立

C. 遮挡模型建立　　　　　　　　　　D. 整体模型检查

2. 噪声控制的措施包括（　　　）。

A. 消除或降低噪声、振动源　　　　　B. 消除或减少噪声、振动的传播

C. 加强通风　　　　　　　　　　　　D. 加强个人防护和健康监护

3. 根据不同用途，可将声屏障分为（　　　）。

A. 铁路声屏障　　　　　　　　　　　B. 公路声屏障

C. 城市景观声屏障　　　　　　　　　D. 居民区降噪声屏障

4. 进行室内声环境分析时，软件提供（　　　）三种方式对建筑外围护结构的边界噪声值进行设定。

A. 总体设置　　　　　　　　　　　　B. 局部设置

C. 全局默认设置　　　　　　　　　　D. 场地环境噪声计算结果读取

5. 进行室内声环境分析时，隔声计算的步骤包括（　　　）。

A. 隔声公式设置　　　　　　　　　　B. 吸声参数设置

C. 室内隔声计算　　　　　　　　　　D. 构件隔声计算

扫码练习并查看答案

学习情境六

光环境分析

活页式表单　　　　PPT

🏆 **知识目标** ●

　　说出光环境分析依据的规范名称及编号；说出日照标准、有效射入角、单点辐照、向日辐照、全景辐照、地面辐照等基础概念；说出集热板、光伏板的特点；说出室内采光标准、材料反射比等概念。

🏆 **能力目标** ●

　　能使用软件进行光环境模拟，进行建筑日照分析、太阳能分析、室内采光分析，并输出分析报告书；能针对报告反馈的问题，提出初步解决方案。

🏆 **素养目标** ●

　　通过数字软件建立模型，提升信息素养和工程思维，通过排查模型问题、分析报告，培育工匠精神和科学精神。

06-1　建筑日照分析

🏆 **典型工作环节** ●

　　典型工作环节如图 6-1 所示。

图 6-1　典型工作环节

（1）前期准备：收集项目图纸、国家及地方标准、规范、图集；识读图纸；安装软件。

（2）创建模型：创建日照分析模型，考虑分析模型和周边遮挡建筑模型的建立。

（3）常规分析：内容包括阴影轮廓分析、窗照分析、线上日照、单点分析、区域分析等。

（4）高级分析：内容包括遮挡关系、窗报批表、光污染分析。

（5）输出报告：根据计算结果，输出日照报告。

每一工作环节均可按照"资讯—计划—实施—检查—评价"开展学习。

环节一　前期准备

项目图纸：全套施工图纸、效果图。

主要标准规范与图集如下。

（1）《建筑日照计算参数标准》（GB/T 50947—2014）。

（2）《城市居住区规划设计标准》（GB 50180—2018）。

（3）《综合医院建筑设计规范》（GB 51039—2014）。

（4）《住宅设计规范》（GB 50096—2011）。

（5）《老年人照料设施建筑设计标准》（JGJ 450—2018）。

（6）《绿色建筑评价标准》（GB/T 50378—2019）。

（7）地方城市规划管理政策。

环节二　创建模型

步骤 1：导入图纸。

新建一个【日照模型】文件夹，将总图放入并命名为【日照模型】，用 SUN 打开【日照模型】。

考虑到后期采光分析需要链接模型，将总图缩放到与平面尺寸一致，本工程需要将总图放大 1 000 倍。

步骤 2：参数设置。

设置参数前，需点屏幕菜单下方的"总"页面（图 6-2）。

图 6-2　软件页面选择

设置当前项目的日照标准、单位、比例等参数。

（1）日照标准。选择当前项目应采用的标准，或新建标准，如有需要可详细设置有效入射角、累计方法、日照窗采样、计算时间等参数。本案例选择"大寒 2h"作为标准。其他参数均为默认（图 6-3）。

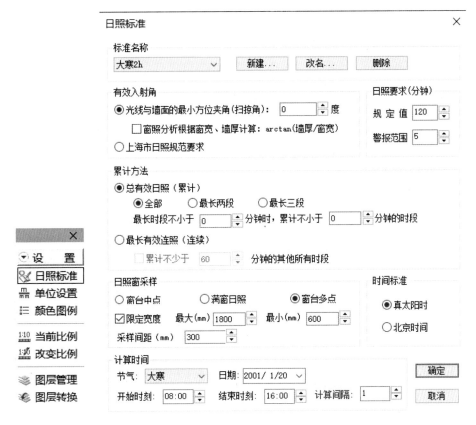

图 6-3　日照标准设置

如何设置日照标准相关参数？

1）有效入射角。设定日光光线与含窗体的墙面之间的最小水平投影方向夹角；根据窗宽和窗体所在墙的墙厚计算日光光线照入室内的最小夹角；按上海市政府规定的表格内容执行。

2）累计方法。总有效日照（累计）：以"最长时段不小于××分钟时，累计不小于××分钟的时段"为条件，提供三种方式：第一种累计全部，累计满足条件的所有有效日照时间段；第二种最长两段，累计满足条件的最长两段有效日照时段；第三种最长三段，累计满足条件的最长三段有效日照时段。注意不满足条件时，不累计时段。

3）最长有效连照（连续）。不勾选"累计不小于××分钟的所有其他时段"时，只计算最长一段时段；勾选"累计不小于××分钟的所有其他时段"时，则在计算最长一段时段基础上，把满足条件的所有其他时段累计进来。

4）日照窗采样。窗台中点：当日光光线照射到窗台外侧中点处时，本窗的日照即算作有效照射；满窗日照：当日光光线同时照射到窗台外侧两个下角点时，算作本窗的有效照射；窗台多点：当日光光线同时照射到窗台多个点时，算作本窗的有效照射。

5）时间标准。真太阳时太阳连续两次经过当地观测点的上中天（正午12时，即当地当日太阳高度角最高之时）的时间间隔为1真太阳日，1真太阳日分为24真太阳时，也称当地正午时间。

（2）单位设置。执行【单位设置】命令，确认当前项目单位为"米"或"毫米"。本案例采用"毫米"为单位（图6-4）。

（3）颜色图例如图6-5所示。

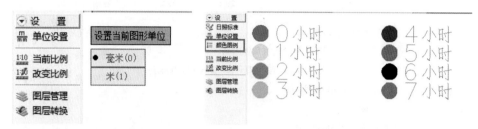

图6-4　单位设置　　　　　　　　　　图6-5　颜色图例

（4）比例设置。执行【当前比例】命令，查看项目比例是否正确，若不正确则执行【改变比例】命令修改项目比例，本案例可将比例修改为1∶100，方便与平面图对应。

步骤3：体量模型。

日照分析模型可采用前述环节已完成的室外声环境分析模型，本学习情境为使用户了解多种建模方式，将采用【体量模型】建立的方式建立日照分析模型。在实际工程操作环节中，用户可根据实际情况灵活选择建模方式。

体量模型　　　　图6-6　建总图框

（1）建总图框（图6-6）。用闭合曲线勾出建筑外轮廓，用【建筑高度】设置建筑高度与底标高创建建筑模型，建筑高度设置以mm为单位，如21.6m，键入21 600。

本工程中新建办公楼主楼高度21 000 mm，建筑标高600 mm（即室内外高差）（图6-7）。

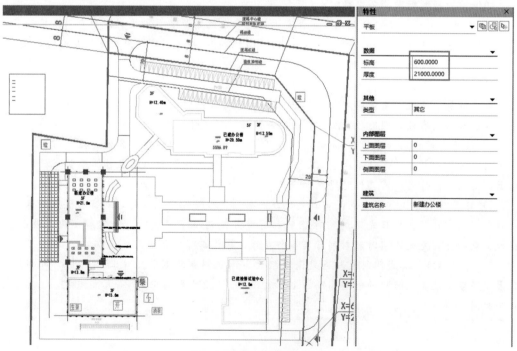

图6-7　总平面图信息读取

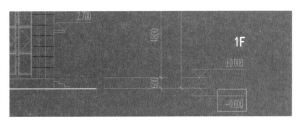

图 6-7　总平面图信息读取（续）

（2）简化图面。通过【关键显示】命令简化平面模型显示（图 6-8）。

（3）绘制指北针。执行菜单【注释】→【绘制指北针】命令（图 6-9）。

图 6-8　简化图面　　　　图 6-9　注释绘制指北针

步骤 4：命名编组。

执行【命名编组】→【建筑命名】→【建筑分组】命令，为建筑命名及分组。

步骤 5：插入窗户。

用户可根据需求合理选择日照窗建模方式，执行【基本建模】→【顺序插窗】或【两点插窗】或【等分插窗】命令。

（1）顺序插窗：以距离点取位置较近的墙端点为起点，按给定距离插入选定的门窗（图 6-10）。此后顺着前进方向连续插入，插入过程中可以改变门窗类型和参数。在弧墙顺序插入时，门窗按照墙基线。

图 6-10　顺序插窗数据设置

（2）弧长进行定位：重复层数前面加起来需等于总层数，如 1+4=5。

（3）两点插窗：插入一整条横窗（图 6-11）。

图 6-11　两点插窗

（4）等分插窗：输入 T（大小写无影响），输入等分数量 6（图 6-12）。

图 6-12　等分插窗

步骤 6：日照仿真。

单击鼠标右键，选择【日照仿真】命令，用户可自由查看项目的日照
情况，包括日轨分布、日照阴影。根据需求可自由选择截图保存。同时，
软件提供日照视频导出功能，用户可根据需求保存（图 6-13）。

日照仿真

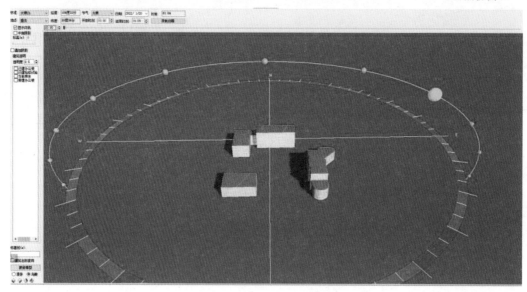

图 6-13　输出日照仿真视频

阴影轮廓

环节三　常规分析

本环节仅对工程设计环节中常用的命令进行讲解操作，其他操作可通
过执行【帮助】→【在线帮助】命令进行查询。

步骤 1：阴影轮廓。

执行【常规分析】→【阴影轮廓】命令，该分析可计算建筑在不同时间段的阴影轮廓。单击
后选择项目地点、节气、日照时间、日照标准等参数，再框选所需分析的建筑（图 6-14、图 6-15）。

阴影轮廓							
地点：	重庆	节气：	大寒	开始时刻：	08:00	日照标准：	大寒2h(DWG1)
经度：	106度33分	日期：	2022/ 1/20	结束时刻：	16:00	☑分析面高	0
纬度：	29度35分	时差：	01:04	时间间隔：	60	□单个时刻	11:00

图 6-14　阴影轮廓设置

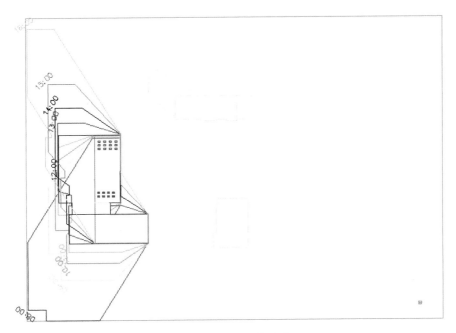

图 6-15　阴影轮廓结果

步骤 2：窗照分析。

执行【常规分析】→【窗照分析】命令，单击后选择项目地点、节气、日照时间、日照标准等参数，选择需要分析的日照窗（前面建立的日照窗，根据需求选择需要分析的部分），再框选遮挡建筑（一般是分析建筑和周边建筑一起框选）。可输出日照时间和总有效日照时数结果（图 6-16）。

分析标准:大寒2h(DWG1); 地区:重庆; 时间:2022年1月20日(大寒)08:00~16:00; 计算间隔:1分钟

窗日照分析表

层号	窗位	窗台高(米)	日照时间	
			日照时间	总有效日照
1	1	0.90	08:13~13:22	05:09
	2	0.90	08:17~13:51	05:34
	3	0.90	08:18~14:19	06:01
	4	0.90	08:18~14:46	06:28
	5	0.90	08:18~15:11	06:53
	6	0.90	08:00~08:01 08:18~15:34	07:16
	7	0.90	08:00~08:12 08:18~15:57	07:39

图 6-16　窗照分析结果

步骤 3：线上日照。

在进行线上日照分析前，需先单击【定分析面】（分别对批量进行不等高分析面的线上日照分析设置每个建筑的各自分析面标高）或【排除边线】（选择用以不需要分析的边线用鼠标右键排除）命令。

【定分析面】设置如图 6-17 所示。

注意：分析面的高度不能为 0，否则将不会
显示。

【排除边线】命令是将不需要考虑日照的边
线排除。

执行【常规分析】→【线上日照】命令，在
弹出的对话框中选择日照标准、地点、时间等参
数，并且框选遮挡物与建筑。

注意：本功能用于建筑轮廓沿线的日照分

图 6-17　【定分析面】设置

析，通常用于没有日照窗的情况下，在给定的高度上按给定的间距计算并标注出有效日照时间。
初期方案阶段建筑物的具体窗位尚未确定，计算建筑物轮廓上某个特定高度（一般取首层窗台
高）的日照时间（图 6-18、图 6-19）。

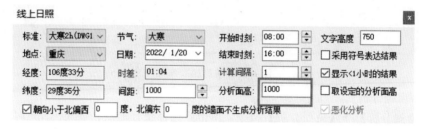

图 6-18　线上日照分析面高度

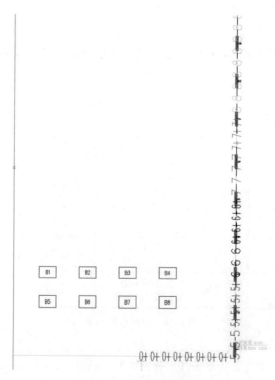

图 6-19　线上日照结果

　　软件提供多方位的观察，单击鼠标右键，执行【视图设置】命令，可自由切换到各方位轴测图中进行结果观察（图 6-20）。

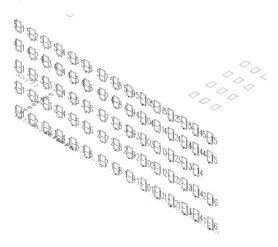

图 6-20　线上日照轴侧观察结果

步骤 4：线上对比。

通过【线上对比】命令可输出拟建建筑建设前后的两组线上日照时间。

执行【常规分析】→【线上对比】命令，在弹出的对话框中选择日照标准、地点、时间等参数，选择可能遮挡的已建建筑和可能遮挡的拟建建筑，再选择需要计算的建筑，最后输出结果（图 6-21、图 6-22）。

图 6-21　线上对比设置

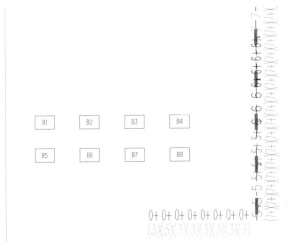

图 6-22　线上对比结果

绿色建筑与建筑节能

步骤5：单点分析。

【单点分析】可用于分析建筑某一个点的日照情况。执行【单点分析】命令，选择日照标准、地点、时间等参数，之后选择遮挡物，再单击任意一点可计算出该点的详细日照信息（图6-23、图6-24）。具体信息可在单点分析对话框内查看。单击"确定"按钮后，可在模型图纸中标注生成（图6-25）。

图6-23 单点分析参数设置

图6-24 单点分析结果查询

图6-25 单点分析结果标注

步骤6：区域分析。

通过【区域分析】命令可计算并标出平面各点的给定高度上的日照信息，软件默认高度为建筑底标高（即场地平面）。执行【区域分析】命令，选择日照标准、地点，时间等参数，可根据需求设置所需的网格大小、输出图纸类型等。然后选择遮挡物（一般框选分析建筑和周边建筑）、选择计算区域（用户可自行绘制或选择计算区域，多选择红线范围内或整个图框范围），即可输出结果（图6-26~图6-28）。

区域分析

图6-26 区域分析设置

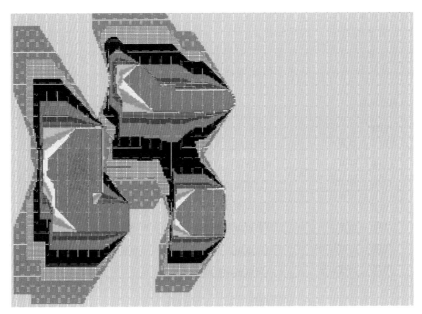

图 6-27　区域分析 DWG 工作图

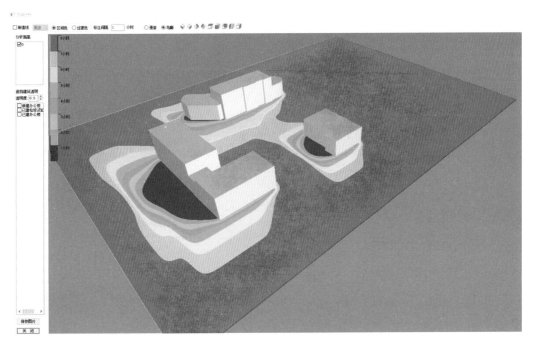

图 6-28　区域分析伪彩图

步骤 7：等日照线。

通过【等日照线】命令可分析平面等日照线与立面等日照线。即日照时间满足与不满足规定时数的区域之间分界线。N 小时的等日照线内部为少于 N 小时日照的区域，外部为大于或等于 N 小时日照的区域。

执行【等日照线】命令，选择日照标准、地点、时间等参数，并设置所需的网格大小，以及选择平面等日照线或立面等日照线。

【等日照线】是【区域分析】结果的另一种表达形式，两者的本质是一致的，工程环节操作时，可使两个结果重叠显示，相互校核。

（1）平面等日照线。在"等日照线"对话框"分析面设置"选项组中选择【平面分析】并设置场地标高，选择遮挡物并设置分析范围即可输出结果（图6-29）。

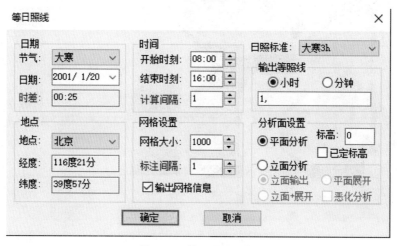

图6-29　等日照线设置

（2）立面等日照线。在"等日照线"对话框"立面分析"选项组中选择对应的输出方式，本案例选择【平面展开】后选择遮挡物与计算范围即可生成结果（图6-30）。

图6-30　立面等日照线设置

环节四　高级分析

本环节仅对工程设计环节中常用的命令进行讲解操作，其他操作可通过执行【帮助】→【在线帮助】命令进行查询。

步骤1：遮挡关系。

通过【遮挡关系】命令计算建筑物之间的遮挡关系，在进行计算前需

遮挡关系

要对建筑进行命名。执行【遮挡关系】命令，选择项目地点、节气、日照标准等信息，之后选择被遮挡建筑与遮挡建筑即可生成遮挡关系表（图6-31、图6-32）。

图 6-31　遮挡关系设置

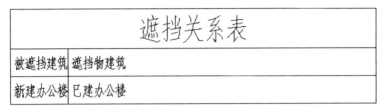

图 6-32　遮挡关系表

步骤2：窗报批表。

通过【窗报批表】命令可生成窗日照时间统计表，在执行命令前需要对建筑进行命名与编组。执行【窗报批表】命令，在弹出的"窗报批表"对话框中选择项目地点、节气、日照标准等信息，并设置输出内容，单击表格输出的位置即可输出结果（图6-33、图6-34）。

图 6-33　窗报批表设置

分析标准: 大寒2h(DWGI); 地区: 重庆; 时间: 2022年1月20日(大寒)08:00~16:00; 计算间隔: 1分钟

新建办公楼楼窗日照分析表

层号	窗位	窗台高(米)	日照时间		窗向
			日照时间	总有效日照	
1	1	0.90	08:00~13:22	05:22	正南
	2	0.90	08:00~13:51	05:51	
	3	0.90	08:00~14:19	06:19	
	4	0.90	08:00~14:46	06:46	
	5	0.90	08:00~15:11	07:11	
	6	0.90	08:00~15:34	07:34	
	7	0.90	08:00~15:57	07:57	
	8~14,16	0.90	08:00~16:00	08:00	
2	1	5.70	08:00~13:54	05:54	
	2	5.70	08:00~14:26	06:26	
	3	5.70	08:00~14:50	06:50	
	4	5.70	08:00~15:09	07:09	
	5	5.70	08:00~15:24	07:24	
	6	5.70	08:00~15:36	07:36	
	7	5.70	08:00~15:57	07:57	
	8~14,16	5.70	08:00~16:00	08:00	
3	1	9.90	08:00~14:47	06:47	
	2	9.90	08:00~15:18	07:18	
	3	9.90	08:00~15:39	07:39	
	4	9.90	08:00~15:54	07:54	
	5~14	9.90	08:00~16:00	08:00	
4	1~15	14.10	08:00~16:00	08:00	
5	1~15	17.90	08:00~16:00	08:00	

不满足要求日照窗数: 0

图 6-34　窗报批表结果

环节五　输出报告

步骤 1: 建筑列表。

执行【常规分析】→【建筑列表】命令, 选择表格类型, 本案例只需生成基地内拟建建筑, 如有其他要求, 需生成对应表格。确定表格类型后框选需要的已命名建筑生成表格 (图 6-35)。

基地内拟建建筑			
编号	使用性质	层数	窗数	建筑高度(米)
已建办公楼			0	20.1
已建检修试验中心			0	11.8
新建办公楼			310	21.5

图 6-35　建筑列表设置

步骤 2: 输出报告。

执行【常规分析】→【日照报告】命令, 选择遮挡关系表、窗照分析表、建筑统计表, 即可生成日照报告。日照分析报告中的附图，用户可根据实际需求，在各类分析中截图保存，然后插入到日照报告中。

06-2　太阳能分析

典型工作环节 ●

典型工作环节如图 6-36 所示。

图 6-36　典型工作环节

（1）前期准备：收集项目图纸、国家及地方标准、规范、图集；识读图纸；安装软件。

（2）辐照分析：利用日照模型进行辐照分析。内容包括单点辐照分析；全景辐照分析；地面辐照分析。

（3）光伏分析：内容包括倾角分析；创建光伏面板；墙面展开等。

（4）输出报告：根据分析结果，输出项目光伏发电报告。

每一工作环节均可按照"资讯—计划—实施—检查—评价"开展学习。

环节一　前期准备

（1）项目图纸：全套施工图纸、效果图。

（2）主要标准规范与图集如下。

1)《可再生能源建筑应用工程评价标准》（GB/T 50801—2013）。

2)《民用建筑太阳能热水系统应用技术标准》（GB 50364—2018）。

3)《建筑节能与可再生能源利用通用规范》（GB 55015—2021）。

4)《光伏发电站设计规范》（GB 50797—2012）。

5)《绿色建筑评价标准》（GB/T 50378—2019）。

6) 地方城市规划管理政策。

环节二　辐照分析

在日照分析软件中，可针对项目的辐照强度做分析，为项目光伏系统设计提供计算支撑或辅助进行光伏设计（图 6-37）。该环节的分析结果，可对项目所在位置的实际太阳能资源做量化分析，帮助用户在后续太阳能板布置方位、位置等提供明确的数据支撑。

图 6-37　辐照分析

步骤1：单点辐照。

执行【太阳能】→【单点辐照】命令，可计算空间某个位置点的太阳
辐照系数或辐照强度。该功能是基于某一个集热面上的点进行分析，需要指定该计算点的标高，
以及该点所在的集热面朝向和倾角。然后选择遮挡物、计算点即可标注出相关结果（图6-38）。

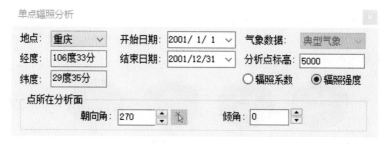

图 6-38　单点辐照分析设置与结果

> 辐照强度：表示太阳辐射强弱的物理量，即点辐射源在给定方向上发射的在单位立体角
> 内的辐射通量。它的强弱受到太阳高度角、纬度、海拔高度、天气情况、大气透明度、大气
> 污染度、白昼时间长短的影响。

步骤2：向日辐照。

执行【太阳能】→【向日辐照】命令，可计算项目在某时间段内太阳能集热板在始终朝向
太阳的条件下所获得辐射照度，辐照强度为该点平均每天单位面积所接受的太阳能。上半部分
为【参数设置】，可以通过下拉箭头更改地点、开始/结束日期、典型气象/理想气象，确定参数
后，单击【计算】按钮，即可得到结果（图6-39）。

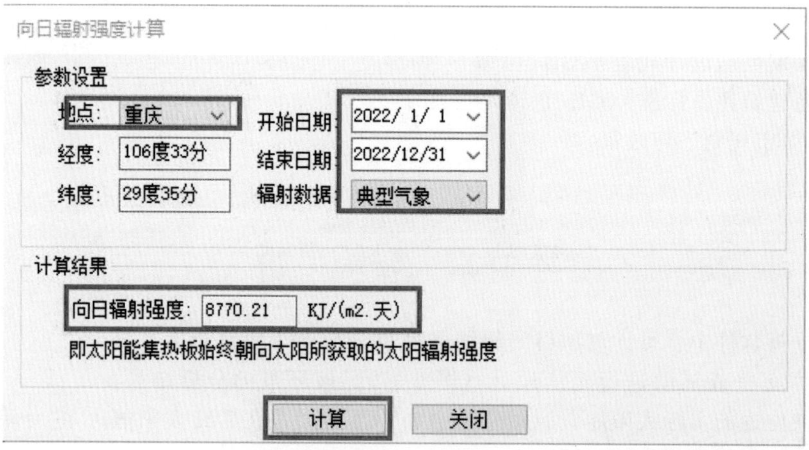

图 6-39　向日辐照分析设置与结果

步骤 3：全景辐照。

执行【太阳能】→【全景辐照】命令，可计算指定建筑物表面的太阳辐照，并且可以将结果输出伪彩图或 DWG 工作图，以便观察建筑物表面太阳辐照水平的分布区间色或过渡色。

全景辐照

（1）全景辐照设置。用户可对分析地点、时间段、网格大小、分析数值类型、输出图纸类型进行明确设置（图 6-40）。

图 6-40 全景辐照分析设置

（2）全景辐照结果。设置好分析参数后，选择分析建筑、遮挡建筑，即可输出定义的图纸结果（图 6-41）。

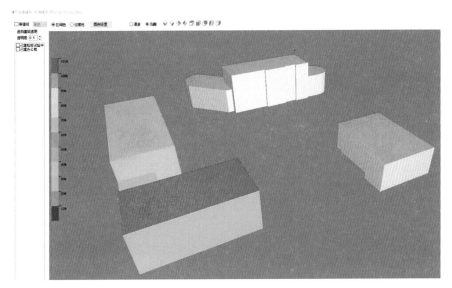

图 6-41 全景辐照分析结果

步骤 4：地面辐照。

执行【太阳能】→【地面辐照】命令，可计算地面指定区域的太阳辐照，并且可以将结果输出伪彩图或 DWG 工作图，以便观察地面太阳辐照水平的分布区间色或过渡色。

地面辐照

（1）地面辐照设置。用户可对分析地点、时间段、网格大小、分析数值类型、输出图纸类型进行明确设置（图 6-42）。

地面辐照--无遮挡水平面辐照 8163.03 KJ/(m2.天)

地点	重庆	开始日期	2022/ 1/ 1	气象数据	典型气象	输出
经度	106度33分	结束日期	2022/12/31	结果数值		◉伪彩图
纬度	29度35分	网格大小	1000	○辐照系数 ◉辐照强度		○DWG工作图

图 6-42 地面辐照设置

（2）地面辐照结果。设置好分析参数后，选择地面分析区域、遮挡建筑，即可输出定义的图纸结果（图 6-43）。

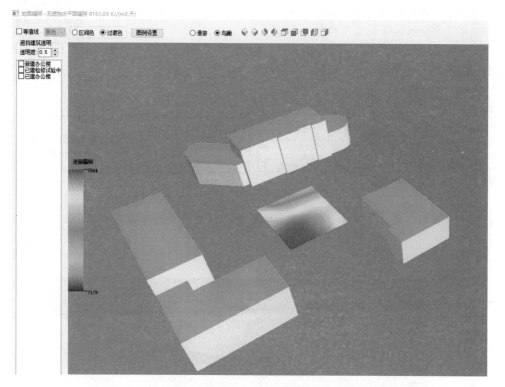

图 6-43　地面辐照分析结果

环节三　光伏分析

步骤 1：倾角分析。

执行【太阳能】→【倾角分析】命令，可计算分析太阳能最有利的集热面倾角。所谓"最有利"就是在计算时间段内，集热面获取的辐照最大。

（1）倾角分析设置。用户可对分析地点、时间段、网格大小、计算起始/终止倾角，以及朝向（通常为 270°，朝南，无遮挡情况下太阳能辐照的最有利方位角）进行明确设置（图 6-44）。

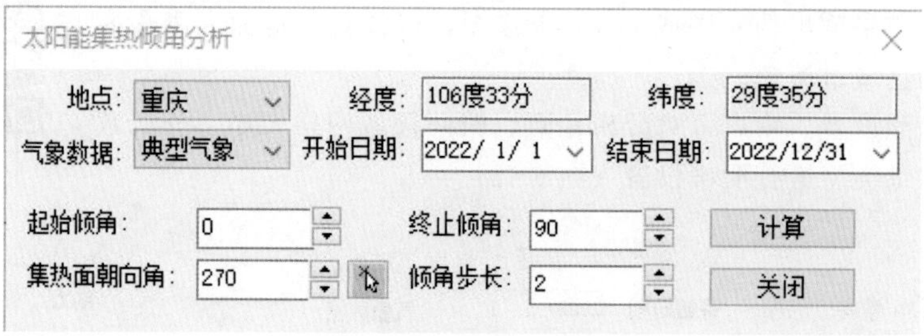

图 6-44　倾角分析设置

（2）倾角分析结果。设定分析参数后，单击【计算】按钮，可直接输出该地区太阳能的集热面倾角分析情况。其中，方框内文字为该地指定方位角情况下最有利的集热板布置倾角，其他为不同布置倾角下的辐照强度分析情况（图 6-45）。用户可根据工程实际情况具体分析与设计。

倾角分析结果说明：
地点：重庆
经度：106度33分
纬度：29度35分
起始日期：2022年1月1日
终止日期：2022年12月31日
辐射数据：典型气象
集热面方位：270.00°

	角度分析结果		
序号	倾角(度)	辐射强度(KJ/(m2.天))	能量差异(%)
1	0.0	8242.71	0.01
2	2.0	8243.25	0.00
3	4.0	8238.27	0.06
4	6.0	8227.79	0.19
5	8.0	8211.82	0.38

图 6-45　倾角分析结果

步骤 2：创建面板。

执行【太阳能】→【创建面板】命令，创建集热板、光伏板、虚拟分析面。面板通常放置在屋面上或紧贴建筑墙面，在屋面上寻找最佳位置的时候，可以先建立虚拟参考分析面，在虚拟分析面上找出辐射强的位置作为集热板、光伏板的安装位置。在墙面上寻找集热板、光伏板最佳位置的时候，可以先分析建筑表面的辐照，找到适合的区域。

创建面板

> 集热板：吸收通过透明盖层入射的太阳光把光能转化成热能，由集热流体传热的板。通常用于太阳能热利用系统。
>
> 光伏板：一种暴露在阳光下收集太阳光能，然后通过其配套组件再转化成电能的装置。通常用于太阳能光伏系统。

（1）创建面板设置。用户可以对面板类型、布置方式、朝向角、倾角、标高、编号等进行详细设置。其中，倾角可采用前述分析的最有利倾角。面板布置方式可根据厂家提供参数或网上查询参数指定实际尺寸设置（图 6-46）。

采集面板

对象类型　　　布置方式　◉指定实际尺寸　○图取投影轮廓　　—

○虚拟参考面　　朝向角　270　　采集板编号　B1
◉实体集热板　　倾　角　45　　所属楼号　
○实体光伏板　　标　高　2000　　长度　1500　　宽度　1000

图 6-46　创建面板设置

（2）集热板布置。布置时，用户可以 CAD 的阵列功能批量布置（图 6-47）。

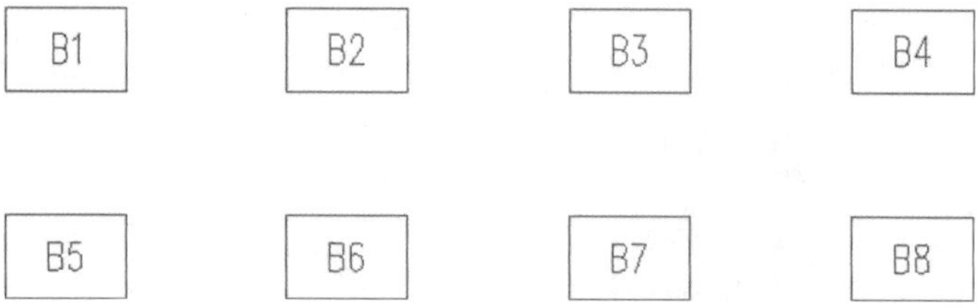

B1	B2	B3	B4
B5	B6	B7	B8

图 6-47　集热面板布置

（3）光伏板布置。布置时，用户可以 CAD 的阵列功能批量布置（图 6-48）。

图 6-48　光伏面板布置

（4）墙面布置面板。执行【太阳能】→【墙面展开】→【映射布板】命令，可在指定建筑立面上布置面板。单击【墙面展开】后将指定墙面按立面展开，在展开立面中布置面板，布置方式与第（2）、（3）步操作一致，布置完成后，单击【映射布板】后会将展开立面布板的参数重新映射到对应墙面上，即完成墙面布板。

步骤 3：日照时数。

执行【太阳能】→【日照时数】命令，可计算建筑、空地、集热板在某段时间内的日照时长，单位为小时，该命令操作与【全景辐照】【地面辐照】相似，选定待分析建筑或空地、选定遮挡物即可计算。

（1）日照时数计算设置，如图 6-49 所示。

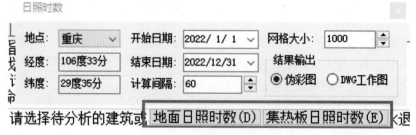

图 6-49　日照时数计算设置

（2）日照时数计算结果。用户可根据自己需求，对显示图形做个性化设置，包括图例范围、颜色类型、显示方位等（图 6-50）。

850小时
840小时
820小时
800小时
780小时
760小时
740小时
720小时
保存图片
关 闭

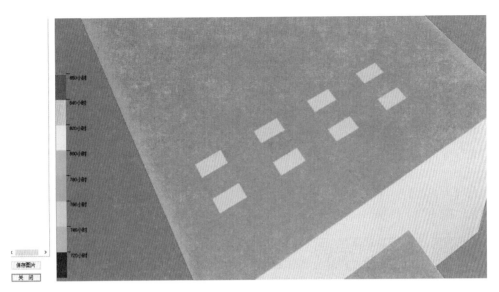

图 6-50　日照时数计算结果

步骤 4：辐照分析。

执行【太阳能】→【辐照分析】命令，可计算已有集热板、虚拟参考面的太阳辐照系数或太阳辐照数据。操作与前述各类辐照分析类似，该命令更针对集热面板。

（1）辐照分析设置，如图 6-51 所示。

（2）辐照分析结果，如图 6-52、图 6-53 所示。

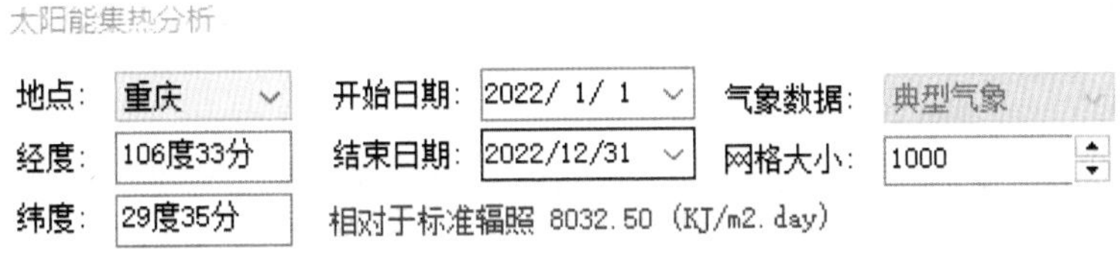

太阳能集热分析
地点: 重庆
开始日期: 2022/ 1/ 1
气象数据: 典型气象
经度: 106度33分
结束日期: 2022/12/31
网格大小: 1000
纬度: 29度35分
相对于标准辐照 8032.50 (KJ/m2.day)

图 6-51　辐照分析设置

分析地点:重庆; 时间:2022年1月1日~2022年12月31日

集热板编号	集热板面积 m²	单位面积日均集热量 KJ/m².day	辐照系数	日均集热量 KJ/day	单位面积总集热量 KJ/m²	总集热量 MJ
B1	1.50	8185	102%	12277	2987478	4481
B2	1.50	8185	102%	12277	2987478	4481
B3	1.50	8185	102%	12277	2987478	4481
B4	1.50	8185	102%	12277	2987478	4481
B5	1.50	8185	102%	12278	2987544	4481
B6	1.50	8185	102%	12278	2987544	4481
B7	1.50	8185	102%	12278	2987544	4481
B8	1.50	8185	102%	12278	2987544	4481

图 6-52　辐照分析结果 1

分析地点：重庆；时间：2022年1月1日~2022年12月31日

逐月集热量表(MJ)

楼号	集热面面积/m²	1月	2月	3月	4月	5月	6月	7月	8月	9月	10月	11月	12月	合计
1	12.00	1116	1520	2778	3265	4207	3887	5633	5451	3441	2241	1349	963	35850
总计	12.00	1116	1520	2778	3265	4207	3887	5633	5451	3441	2241	1349	963	35850

图 6-53　辐照分析结果 2

步骤 5：集热需求。

在进行太阳能热水系统设计时，需要根据建筑所需的热水量，计算出将所需用水加热到指定温度所需的太阳能集热板面积或所需太阳能辐照量。

执行【太阳能】→【集热需求】命令，可计算太阳能热水系统所需要的集热板面积或太阳能辐照量（图 6-54、图 6-55）。

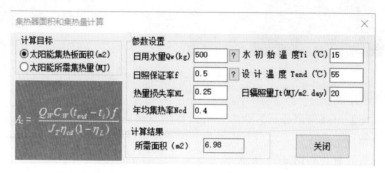

图 6-54　集热面积需求量

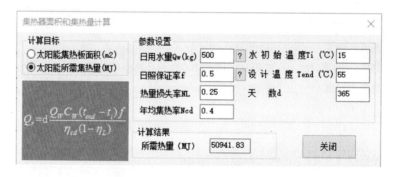

图 6-55　集热量需求量

集热需求各设置参数有何意义？

日均用水量：日平均用水量是出现概率最大的用水量，超出流量的时间段，可以通过辅助热源解决。建议从《民用建筑节水设计标准》（GB 50555—2010）中 3.1.7 给出的热水定额中选取。

水初始温度：加热前的水温。

水设计温度：用水温度，如果超过此温度，加热自动停止。

日照保证率：根据系统使用期内的太阳辐照、系统经济性及用户要求等因素综合考虑后确定，宜为 30%～80%。

日辐照量：集热面板上的年均日射辐照量，可以通过查询气象资料取值。

年均集热率：根据经验值可取 0.25～0.50，具体根据产品的实际测试结果而定。

热量损失率：管道和水箱运输或存储导致的热量损耗，根据经验为 0.20～0.30。

步骤 6：集热报告。

执行【太阳能】→【集热报告】命令，可用于输出项目的太阳能热水报告书。用户利用【辐照分析】功能对集热板进行集热量统计后，执行该命令，按提示依次操作即可输出报告书。根据报告结果和实际需求，合理调整增加或减少集热板布置。

步骤 7：光伏发电。

在布置完全部光伏板后，执行【太阳能】→【光伏发电】命令，可对项目的具体发电量进行计算，然后输出计算报告。

发电量在计算设置中，其中光伏组件、逆变器参数均可根据厂家提供信息填写，若该部分信息确实，按照默认即可。系统损失率默认值为经验参数，若无详细参数，也可按照默认数据填写（图 6-56）。

光伏发电

图 6-56 发电量计算设置

计算后可单击光伏板，在【特性栏】查看单个光伏板发电量数据（图 6-57）。

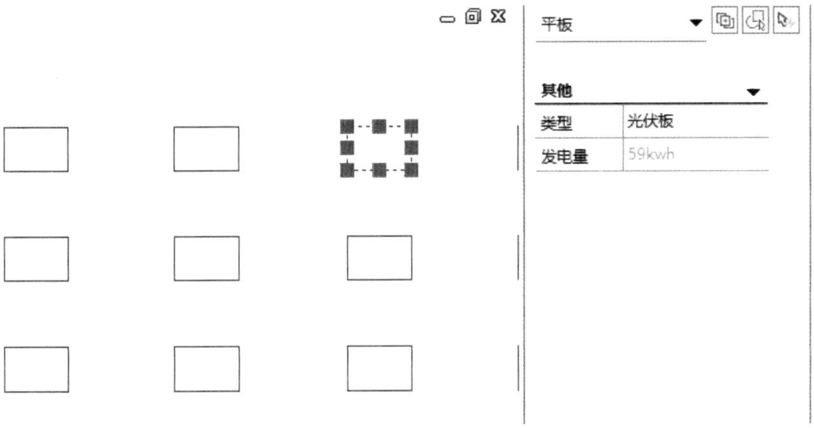

图 6-57 光伏板发电量查询

06-3　室内采光分析

典型工作环节 ●

典型工作环节如图 6-58 所示。

图 6-58　典型工作环节

（1）前期准备：收集项目图纸；收集国家及地方标准、规范、图集；识读图纸。

（2）创建模型：创建基本模拟模型，包括墙、柱、梁、门窗等。采光模型与其他单体分析模型一致。

（3）设置参数：内容包括工程信息设置、门窗类型设置、房间类型设置等。

（4）采光分析：内容包括采光系数达标率计算、视野计算、眩光计算。

（5）输出报告：根据分析结果，输出项目采光计算报告。

每一工作环节均可按照"资讯—计划—实施—检查—评价"开展学习。

环节一　前期准备

（1）项目图纸：全套施工图纸、效果图。

（2）主要标准规范与图集如下。

1）《建筑采光设计标准》（GB 50033—2013）。

2）《建筑环境通用规范》（GB 55016—2021）。

3）《绿色建筑评价标准》（GB/T 50378—2019）。

4）《绿色建筑评价标准技术细则》（2019）。

5）《采光测量方法》（GB/T 5699—2017）。

6）《民用建筑绿色性能计算标准》（JGJ/T 449—2018）。

7）各类建筑设计规范。

环节二　创建模型

步骤 1：模型建立。

打开 DALI 软件，界面如图 6-59 所示。

图 6-59　DALI 软件初始界面

根据项目单体设计图纸进行建模，具体建模步骤参考"学习情境二 节能分析"；或直接利用节能计算或其他单体建模计算时已经建立的模型。

步骤 2：模型检查。

建立好采光分析模型后，需进行一次分析模型的检查工作，执行【重叠检查】→【柱墙检查】→【模型检查】→【墙基检查】命令，直至所有错误被解决，最后再使用【模型观察】命令，查看三维模型是否完全封闭，是否有明显模型错误（如墙体、柱子、楼板明显错位、凸出等），直至所有错误修改完毕，方可进行下一步操作。

一般情况下，如果节能分析模型已对单体模型设置完成，采光分析可直接复制该模型进行分析。

环节三　设置参数

步骤 1：采光设置。

设置当前建筑项目的项目名称、地理位置、建筑类型、材料反射比、计算所采用的标准以及计算精度等信息。

（1）基本信息。地理位置（选定模型的分析气象数据）、光气候、建筑类型、工程名称、建设单位、设计单位、设计编号等基本信息与节能分析设置一致。

（2）采光标准。根据项目所处位置及建筑类型选择计算所使用的标准，软件可选择《建筑环境通用规范》（GB 55016—2021）和《绿色建筑评价标准》（GB/T 50378—2019）。本案例选择《绿色建筑评价标准》（GB/T 50378—2019）。

注意：根据《建筑环境通用规范》（GB 55016—2021）规定，一般仅在房间功能为卧室、起居室、一般病房、普通教室时，选择该标准进行单独分析。

（3）材料反射比。打开饰面材料反射比菜单，根据项目装饰方案（可参考建筑设计说明的室内外装修做法）选择所使用的材料，设置其反射比。若不清楚装修方案，可根据一般情况设置（即软件默认参数）。需注意反射比设置限值需满足《建筑环境通用规范》（GB 55016—2021）要求（图 6-60）。

图 6-60　反射比设置

长时间工作或学习的场所室内各表面的反射比应符合表 6-1 的规定。

表 6-1　反 射 比

表面名称	反射比
顶棚	0.6～0.9
墙面	0.3～0.8
地面	0.1～0.5

（4）计算精度。根据计算需要，设置计算精度及网格参数（设置房间的网格大小及墙面偏移量）等信息，如有需要可进入【高级设置】进行视野计算参数、阳台栏板透光率等参数设置（一般精度为光线在建筑内反射 2 次结果，高精度为光线在建筑内反射 6 次结果）。本工程采用一般精度（图 6-61）。

一般房间网格大小越大，分析精度越低，计算速率越快，结果准确度越低；反之亦然。

在高级设置中，一般如果有涉及一个标准层组合成多个普通层的模型，可考虑采光最不利情况，选择计算最低层标准层，减少计算时间（图 6-62）。

图 6-61　计算精度及网格　　　　　　图 6-62　高级设置

步骤 2：门窗类型设置。

执行【设置】→【门窗类型】命令，可设置当前建筑门窗的光学属性，如窗框类型、结构挡光系数、玻璃透射比与玻璃反射比等信息。

结构挡光系数与外窗窗框类型相关，根据实际情况选择；玻璃透射比和设计玻璃类型相关，一般在节能设计说明可查询到，反射比可直接按默认设置（图 6-63）。

步骤 3：房间类型设置。

在采光计算软件中，房间设置与节能软件有所区别，需要详细设定建筑类型与房间类型等

图 6-63　门窗类型设置

数据，使用【房间类型】命令打开房间类型设置选择，本工程设置为办公建筑（图 6-64）。

单击【图选赋给】或【按名赋给】按钮，详细设定每个房间的具体类型（图 6-65）。

房间类型设置完毕后可使用【房间类型】选择下的【反射比】选项组详细设置每种房间饰面材料的反射比参数。

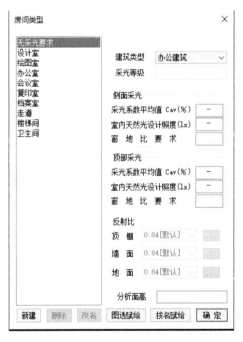

图 6-64　房间类型设置

图 6-65　按名赋给

步骤 4：其他设置。

（1）导光管设置。若项目考虑导光管系统，执行【设置】→【布导光管】命令，可根据具体需要在单体建筑内设置导光管的各类参数与摆放位置，进行导光管的布置（图 6-66）。一般情况下，需要厂家提前配合出相应方案，设计根据其方案进行具体分析。本工程不进行设置。

（2）反光板设置。若项目考虑了在外窗周围设置反光板系统，执行【设置】→【反光板】命令，可根据具体需要在建筑内设置反光板摆放位置与具体参数，进行反光板分析（图6-67）。一般情况下，需要厂家提前配合出相应方案，设计根据其方案进行具体分析。本工程不进行设置。

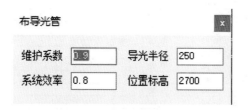

图 6-66　导光管参数设置

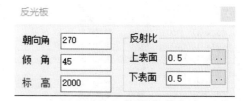

图 6-67　反光板参数设置

（3）内区轮廓设置。执行【设置】→【内区轮廓】命令，然后框选需分析的各楼层轮廓，即可生成内区范围，即图中红框范围。若不对建筑内区进行分析，则可不单独划分内区 [《绿色建筑评价标准》（GB/T 50378—2019）中 5.2.8 条对公共建筑内区采光有相关要求]。本案例进行内区采光分析，需单独划分建筑内区（图6-68）。

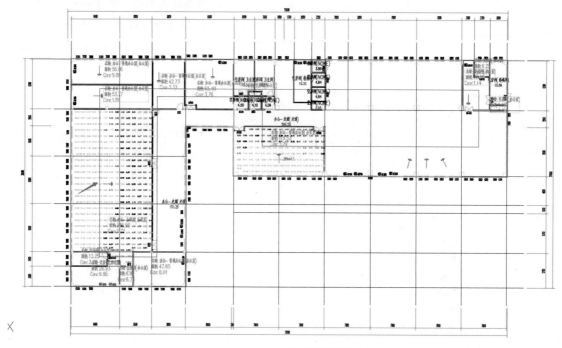

图 6-68　建筑内区范围

建筑内区：针对建筑外区而言的，建筑外区一般为距离建筑外围护结构 5 m 范围的区域，建筑内区是其他区域。

环节四　采光分析

本环节仅对工程设计环节中常用的命令进行讲解操作，其他操作可通过执行【文件帮助】→【在线帮助】命令进行查询。

步骤1：采光计算。

执行【基本分析】→【采光计算】命令，可用于计算室内主要功能房间的采光系数，也是之后多项数据评价指标的数据基础。执行【采光计算】命令，可以在左侧房间列表中按楼层、户型和房间选择要计算和输出的目标房间，也可以"图选分析房间"方式在图中直接选择。选定后单击【采光计算】，即可生成结果（图6-69、图6-70）。本环节暂不对报告进行输出，将在下一环接单独生成相关报告。

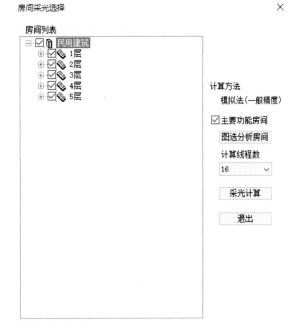

图6-69　采光计算选择

	分类	采光等级	采光类型	房间面积	采光系数C(%)	采光系数标准值(%)	结论
	1002[会议室]	III	侧面采光	336.92	2.77	3.60	不满足
	1004[会议室]	III	侧面采光	119.53	3.29	3.60	不满足
	1005[办公室]	III	侧面采光	65.40	3.76	3.60	满足
	1006[办公室]	III	侧面采光	56.06	9.00	3.60	过亮不宜
	1007[办公室]	III	侧面采光	53.27	1.81	3.60	不满足
	1008[办公室]	III	侧面采光	47.65	8.01	3.60	满足
	1009[办公室]	III	侧面采光	42.73	3.33	3.60	不满足
	1010[办公室]	III	侧面采光	28.21	1.14	3.60	不满足
	1011[办公室]	III	侧面采光	26.93	9.95	3.60	过亮不宜
	1016[办公室]	III	侧面采光	13.25	3.70	3.60	满足
	1017[办公室]	III	侧面采光	6.91	6.76	3.60	满足
	1018[办公室]	III	侧面采光	6.25	5.78	3.60	满足
	1026[办公室]	III	侧面采光	1.68	0.00	3.60	不满足
▶	1027[办公室]	III	侧面采光	1.10	0.00	3.60	不满足

图6-70　采光计算结果

步骤2：内区采光。

执行【基本分析】→【内区采光】命令，可用于计算建筑内区的采光达标率。选择已进行采光计算后，且设定好的内区的楼层即可生成结果（图 6-71）。

内区采光 ✕

楼层/房间	采光等级	采光类型	采光系数要求(%)	内区面积(m2)	达标面积(m2)	达标率(%)
🗆1						
1002[会议室]	III	侧面	3.60	219.42	0.00	0
1004[会议室]	III	侧面	3.60	32.59	0.00	0
1005[办公室]	III	侧面	3.60	10.74	0.00	0
▶ 1007[办公室]	III	侧面	3.60	29.87	0.00	0
1008[办公室]	III	侧面	3.60	2.67	2.67	100
1009[办公室]	III	侧面	3.60	8.18	0.00	0
1010[办公室]	III	侧面	3.60	8.44	0.00	0
1016[办公室]	III	侧面	3.60	0.88	0.00	0
1027[办公室]	III	侧面	3.60	1.10	0.00	0
🗆2						
2002[会议室]	III	侧面	3.60	245.00	0.00	0
2003[办公室]	III	侧面	3.60	34.94	0.00	0
2004[会议室]	III	侧面	3.60	32.59	0.00	0
2005[办公室]	III	侧面	3.60	41.07	0.00	0
2006[办公室]	III	侧面	3.60	14.43	0.00	0
2007[办公室]	III	侧面	3.60	32.32	0.00	0
2008[办公室]	III	侧面	3.60	0.96	0.00	0
2009[办公室]	III	侧面	3.60	11.93	0.00	0
2010[办公室]	III	侧面	3.60	11.77	0.00	0
2016[办公室]	III	侧面	3.60	2.31	0.00	0
🗆3						
3001[会议室]	III	侧面	3.60	227.68	0.00	0
3004[办公室]	III	侧面	3.60	49.28	0.00	0
3005[会议室]	III	侧面	3.60	36.81	0.00	0
3006[办公室]	III	侧面	3.60	29.98	0.00	0
3007[办公室]	III	侧面	3.60	12.46	12.46	100
3008[办公室]	III	侧面	3.60	10.73	0.00	0

◉详表　○汇总表　□合并导出　　导出Word　　导出Excel　　输出报告　　　关 闭

内区采光

图 6-71　内区采光结果

步骤 3：达标率。

执行【基本分析】→【达标率】命令，可用于判断各采光房间的采光系数达标情况，需要注意的是，在使用【达标率】命令前必须要经过【采光计算】。选择经过采光计算的房间即可生成结果（图 6-72）。

达标率 ✕

楼层/房间	采光等级	采光类型	采光系要求(%)	房间面积(m2)	达标面积(m2)	达标率(%)
🗆1						
1002[会议室]	III	侧面	3.60	336.92	238.28	71
1004[会议室]	III	侧面	3.60	119.53	103.93	87
1005[办公室]	III	侧面	3.60	65.40	65.40	100
▶ 1006[办公室]	III	侧面	3.60	56.06	56.06	100
1007[办公室]	III	侧面	3.60	53.27	24.10	45
1008[办公室]	III	侧面	3.60	47.65	47.65	100
1009[办公室]	III	侧面	3.60	42.73	38.12	89
1010[办公室]	III	侧面	3.60	28.21	7.36	26
1011[办公室]	III	侧面	3.60	26.93	26.93	100
1016[办公室]	III	侧面	3.60	13.25	13.25	100
1017[办公室]	III	侧面	3.60	6.91	6.91	100
1018[办公室]	III	侧面	3.60	6.25	6.25	100
1026[办公室]	III	侧面	3.60	1.68	0.00	0
1027[办公室]	III	侧面	3.60	1.10	0.00	0
🗆2						
2002[会议室]	III	侧面	3.60	428.30	158.41	37
2003[办公室]	III	侧面	3.60	133.42	133.42	100
2004[会议室]	III	侧面	3.60	119.46	93.49	78
2005[办公室]	III	侧面	3.60	105.63	84.50	80
2006[办公室]	III	侧面	3.60	88.71	57.85	65
2007[办公室]	III	侧面	3.60	80.09	56.16	70
2008[办公室]	III	侧面	3.60	40.56	23.47	58
2009[办公室]	III	侧面	3.60	29.55	17.15	58
2010[办公室]	III	侧面	3.60	29.15	0.00	0
2011[办公室]	III	侧面	3.60	25.23	25.23	100
2016[办公室]	III	侧面	3.60	13.50	0.00	0
2017[办公室]	III	侧面	3.60	9.92	8.49	86

◉详表　○汇总表　□合并导出　　导出Word　　导出Excel　　　关 闭

图 6-72　达标率结果

步骤 4：视野计算。

当项目有视野分析需求时，可执行【辅助分析】→【视野计算】命令，然后框选待分析的房间，设置分析面高（一般为人视线高度：1.5 m），即可计算出可看到景观的面积比例（图 6-73、图 6-74）。

视野计算

视野分析

| 良好视野要求（可看到景观的面积比例 %） | | 70 | 生成彩图 | 图片宽度（像素） | | 800 |

楼层/房间	采光等级	采光类型	房间面积(m2)	可看到景观面积(m2)	面积比例(%)
1					
1002[会议室]	III	侧面	336.92	336.92	100

图 6-73 视野计算达标结果

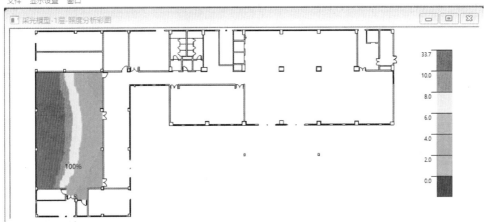

图 6-74 视野计算分析彩图

步骤 5：眩光计算。

眩光计算用于分析建筑房间内是否存在影响人们生产生活的室内照明的不舒适眩光。

什么是眩光？

眩光是指视野中由于不适宜亮度分布，或在空间或时间上存在极端的亮度对比，以致引起视觉不舒适和降低物体可见度的视觉条件。视野内产生人眼无法适应的光亮感觉，可能引起厌恶、不舒服或丧失明视度。在视野中某一局部地方出现过高的亮度或前后发生过大的亮度变化。眩光是引起视觉疲劳的重要原因之一。

眩光计算

（1）执行【基本分析】→【设眩光点】命令，手动或自动给每个房间设置计算眩光的计算点，如房间内无外窗或有多个外窗则必须手动设置。

自动设置是指房间只有一个外窗时，软件借鉴《建筑采光设计标准》（GB 50033—2013）中要求的采光点设置方法，即窗中心线上，窗对面墙向房间内偏移 1 m 的位置，选定房间后自动生成眩光点（图 6-75）。

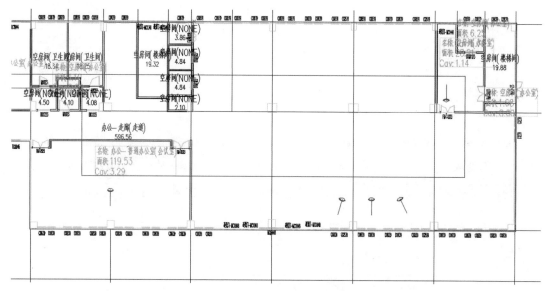

图 6-75　设置眩光点的房间

（2）执行【基本分析】→【眩光指数】命令，选定需分析的计算点（即设置的眩光点），设置眩光计算的参数，如光气候、选择模型、晴天设置等（图 6-76、图 6-77）。

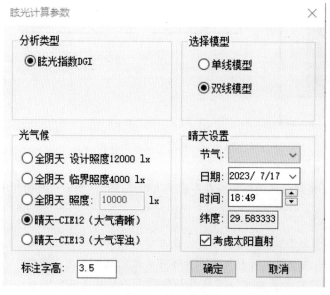

图 6-76　眩光计算设置

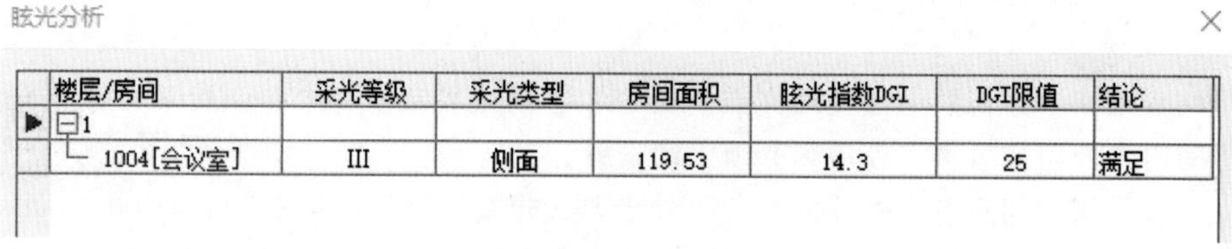

楼层/房间	采光等级	采光类型	房间面积	眩光指数DGI	DGI限值	结论
1						
1004[会议室]	III	侧面	119.53	14.3	25	满足

图 6-77　眩光计算结果

眩光计算的各参数设置有何意义？

1) 选择模型：单线模型是简单模型，计算速度比较快；标准模型是基于三维工作图，面数很多，计算速度比较慢。

2) 光气候：可以是设计照度、临界照度、指定全阴天照度、晴天（清晰、浑浊）某一时刻。

3) 晴天设置：设置分析地点晴天的具体日期和时间及是否考虑太阳直射。

4) 眩光指数：预测和评定室内工作环境不舒适眩光状况的指标。

环节五　输出报告

步骤 1：视野分析报告。

执行【辅助分析】→【视野计算】命令，选定计算房间后，设定分析面高，根据分析结果单击【输出报告】按钮，即可生成项目视野分析报告（图 6-78）。

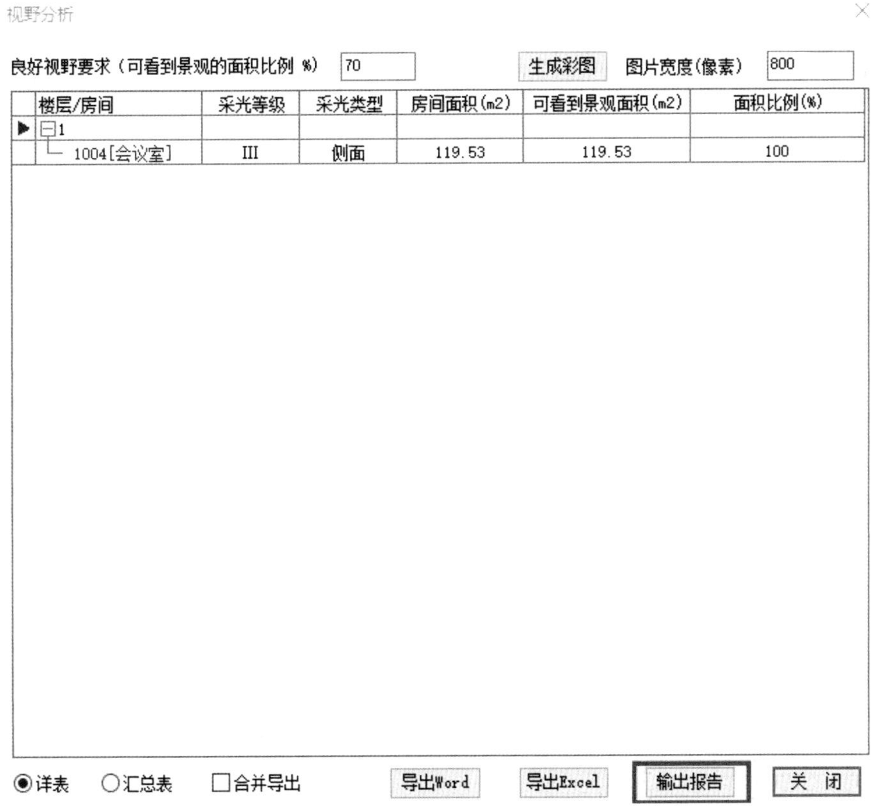

视野分析

良好视野要求（可看到景观的面积比例 %）　70　　　生成彩图　图片宽度（像素）　800

楼层/房间	采光等级	采光类型	房间面积(m2)	可看到景观面积(m2)	面积比例(%)
□1					
└ 1004[会议室]	III	侧面	119.53	119.53	100

◉详表　○汇总表　□合并导出　　导出Word　导出Excel　输出报告　关闭

图 6-78　视野分析报告生成

步骤 2：眩光分析报告。

执行【基本分析】→【眩光报告】命令，选择已进行眩光分析的房间，根据分析结果单击【输出报告】按钮，即可生成项目眩光分析报告（图 6-79）。

眩光分析   ✕

楼层/房间	采光等级	采光类型	房间面积	眩光指数DGI	DGI限值	结论
▷ ⊟1						
└ 1004[会议室]	III	侧面	119.53	14.3	25	满足

导出Word   导出Excel   输出报告   关 闭

图 6-79 眩光分析报告生成

步骤 3：采光分析报告。

执行【基本分析】→【采光报告】命令，可提取已经过采光计算的分析结果，根据分析结果单击"输出报告"按钮，即可生成项目采光系数计算分析报告（图 6-80）。

注意：报告类型选择可选择住宅、医院、学校、民用等版式的采光报告。

房间采光值分析   ✕

民用建筑
├─1层
├─2层
├─3层
├─4层
├─5层
└─6层

分类	采光等级	采光类型	房间面积	采光系数C(%)	采光系数标准值(%)	结论
⊟1						
─ 1001[走道]	V	侧面采光	596.56		1.20	未计算
─ 1002[会议室]	III	侧面采光	336.92	2.77	3.60	不满足
─ 1003[走道]	V	侧面采光	151.25		1.20	未计算
─ 1004[会议室]	III	侧面采光	119.53	3.29	3.60	不满足
▷─ 1005[办公室]	III	侧面采光	65.40	3.76	3.60	满足
─ 1006[办公室]	III	侧面采光	56.06	9.00	3.60	过亮不宜
─ 1007[办公室]	III	侧面采光	53.27	1.81	3.60	不满足
─ 1008[办公室]	III	侧面采光	47.65	8.01	3.60	满足
─ 1009[办公室]	III	侧面采光	42.73	3.33	3.60	不满足
─ 1010[办公室]	III	侧面采光	28.21	1.14	3.60	不满足
─ 1011[办公室]	III	侧面采光	26.93	9.95	3.60	过亮不宜
─ 1012[楼梯间]	V	侧面采光	19.88		1.20	未计算
─ 1013[楼梯间]	V	侧面采光	19.32		1.20	未计算
─ 1014[卫生间]	V	侧面采光	18.64		1.20	未计算
─ 1015[卫生间]	V	侧面采光	18.25		1.20	未计算
─ 1016[办公室]	III	侧面采光	13.25	3.70	3.60	满足
─ 1017[办公室]	III	侧面采光	6.91	6.76	3.60	满足
─ 1018[办公室]	III	侧面采光	6.25	5.78	3.60	满足
─ 1026[办公室]	III	侧面采光	1.68	0.00	3.60	不满足
─ 1027[办公室]	III	侧面采光	1.10	0.00	3.60	不满足
⊟2						
─ 2001[走道]	V	侧面采光	423.81		1.20	未计算
─ 2002[会议室]	III	侧面采光	428.30	1.58	3.60	不满足
─ 2003[办公室]	III	侧面采光	133.42	4.39	3.60	满足
─ 2004[会议室]	III	侧面采光	119.46	3.04	3.60	不满足

报告类型 民用建筑采光设计审查 ▽   输出报告   导出Excel   关 闭

图 6-80 采光系数计算报告生成

小　结

本学习情境完成了光环境模型搭建与分析。

06-1 建筑日照分析具体环节和步骤如下。

环节一前期准备：准备图纸、了解规范、安装软件；

环节二创建模型：导入图纸、参数设置、体量模型、命名编组、插入窗户、日照仿真；

环节三常规分析：阴影轮廓、窗照分析、线上日照、线上对比、单点分析、区域分析、等日照线；

环节四高级分析：遮挡关系、窗报批表；

环节五输出报告：建筑列表、输出日照报告。

06-2 太阳能分析具体环节和步骤如下。

环节一前期准备：准备图纸、了解规范、安装软件；

环节二辐照分析：单点辐照、全景辐照、地面辐照；

环节三光伏分析：倾角分析、创建面板、日照对数、辐照分析、集热需求、集热报告、光伏发电。

06-3 室内采光分析具体环节和步骤如下。

环节一前期准备：准备图纸、了解规范、安装软件；

环节二创建模型：模型建立、模型检查；

环节三设置参数：采光设置、门窗类型设置、房间类型设置、其他设置；

环节四采光分析：采光计算、内区采光、达标率、视野计算、眩光分析；

环节五输出报告：视野分析报告、眩光分析报告、采光分析报告。

本学习情境涉及名词概念清单如下：

日照标准、有效射入角、单点辐照、向日辐照、全景辐照、地面辐照、集热板、光伏板材料反射比。

课后习题

一、单选题

1. 以下类型的建筑不应有直射阳光的是（　　　）。

　　A. 卫生间　　　　　　　　B. 厨房　　　　　　　　C. 陈列室　　　　　　　　D. 制图室

2. 日照计算报告不应包括（　　　）内容。

　　A. 报告名称、项目名称、委托单位、受托单位和完成时间等

　　B. 施工图图纸、方案图纸

　　C. 日照计算所采用的软件名称、版本

　　D. 日照计算范围、日照计算结论

3. 按照采光口所处位置可以分为（　　　）。

　　A. 侧窗、混合采光

　　B. 侧窗、天窗

　　C. 天窗、高侧窗、低侧窗

　　D. 侧窗、天窗、混合采光

4. 中国光气候区分为（   ）类。

    A. 2   B. 3   C. 4   D. 5

5. 住宅建筑的卧室、起居室（厅）的采光不应低于采光等级（   ）级的采光标准值，侧面采光的采光系数不应低于（   ），室内天然光照度不应低于（   ）。

    A. Ⅳ；2.0%；300 lx   B. Ⅲ；2.0%；200 lx

    C. Ⅳ；3.0%；300 lx   D. Ⅲ；2.0%；200 lx

6. 教育建筑的普通教室的采光不应低于采光等级（   ）级的采光标准值，侧面采光的采光系数不应低于（   ），室内天然光照度不应低于（   ）。

    A. Ⅲ；6.0%；450 lx   B. Ⅲ；3.0%；450 lx

    C. Ⅳ；6.0%；350 lx   D. Ⅳ；3.0%；350 lx

二、多选题

1. 《建筑日照计算参数标准》（GB/T 50947—2014）中规定了建模应符合的规定有（   ）。

    A. 所有模型应采用统一的平面和高程基准

    B. 所有建筑的墙体应按外墙轮廓线建立模型

    C. 遮挡建筑的阳台、檐口、女儿墙、屋顶等造成遮挡的部分均应建模，被遮挡建筑的上述部分如需分析自身遮挡或对其他建筑造成遮挡，也应建模

    D. 构成遮挡的地形、建筑附属物应建模

    E. 进行窗户分析时，应对被遮挡建筑外墙面上的窗进行定位

    F. 遮挡建筑、被遮挡建筑及窗应有唯一的命名或编号

2. 《建筑日照计算参数标准》（GB/T 50947—2014）中规定了日照计算的预设参数应符合的规定有（   ）。

    A. 日照基准年应选取公元 2010 年

    B. 采样点间距应根据计算方法和计算区域的大小合理确定，窗户宜取 0.30~0.60 m；建筑宜取 0.60~1.00 m；场地宜取 1.00~5.00 m

    C. 当需设置时间间隔时，不宜大于 1.0 min

    D. 日照基准年应选取公元 2001 年

3. 建筑采光设计应做到（   ）。

    A. 技术先进   B. 经济合理

    C. 有利于视觉工作   D. 有利于身心健康

三、填空题

1. 日照计算软件的计算误差允许偏差为_____。当不同工程阶段的日照计算结果之间及其与观测日照时间不一致时，应以_____的日照计算结果为准。

2. 用闭合曲线勾出建筑外轮廓，用【建筑高度】设置建筑高度与底标高创建建筑模型，建筑高度若为 21.6 m，应输入_____。

3. 住宅建筑的_____、_____、_____应有直接采光。

四、简答题

1. 为改善侧窗沿房间进深方向采光不均，可以采用的主要措施有哪些？

2. 采光设计时，应采取哪些措施减小窗的不舒适眩光？

3. 简述办公建筑室内采光设计注意要点。

扫码练习并查看答案

学习情境七

热环境分析

知识目标

了解热环境分析依据的规范名称及编号；掌握室外热环境和室内热舒适相关的专业术语；了解热环境和热舒适规定性、评价性指标。

活页式表单

PPT

能力目标

能使用软件进行室外热环境分析模拟，并输出热环境报告书；能使用软件进行室内热舒适分析模拟，并输出自然室温和PMV报告书。

素养目标

通过数字软件建立模型，提升信息素养和工程思维，通过排查模型问题、分析报告，培育工匠精神和科学精神。

07-1 室外热环境分析

典型工作环节

典型工作环节如图7-1所示。

图7-1 典型工作环节

（1）前期准备：收集项目图纸、国家及地方标准、规范、图集；识读图纸；安装软件。

（2）创建模型：根据项目设计总图和项目定位周边的交通线路情况进行建模。另需注意室外环境建模（室外声环境、室外风环境、室外热环境）为保证建模的工作的不重复，建议第一次室外环境建模时保留以下总图元素：场地内建筑轮廓及编号、场地外有遮挡影响的建筑、场地红线、场地车道、人行道、人行活动区域、绿化区域。

（3）设置参数：室外热环境参数设置在建模阶段即设置完成。

（4）热环境计算：进行热环境相关计算。

（5）输出报告：完成上述工作后，通过软件输出成果报告。

每一工作环节均可按照"资讯—计划—实施—检查—评价"开展学习。

环节一　前期准备

（1）项目图纸：全套施工图纸、效果图。

（2）主要标准规范与图集：

1）《城市居住区热环境设计标准》（JGJ 286—2013）。

2）《绿色建筑评价标准》（GB/T 50378—2019）。

3）地方相关标准。

（3）安装软件：安装方式参考学习情境二，软件成功安装、打开后，界面如图 7-2 所示。

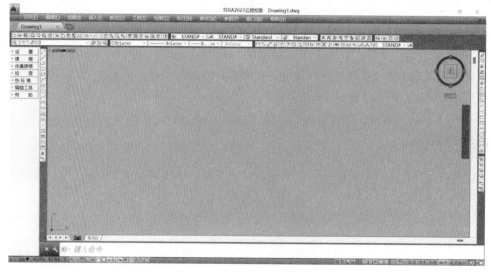

图 7-2　TERA 软件初始界面

环节二　创建模型

步骤 1：建筑红线绘制。

计算热岛强度前，需要用闭合的多段线绘制出建筑红线，执行【建筑红线】命令，再选取该建筑红线，否则软件将无法进行后续操作（图 7-3）。

步骤 2：活动场地设置。

活动场地包括广场、游憩场、停车场、人行道、车道，以及地形特征普通水泥、普通沥青、透水砖、透水沥青、植

创建模型

图 7-3　建模命令

草砖等基本特性，可以根据总图要求自行定义，根据不同的类型，选择不同的透水系数（图7-4）。

图7-4 活动场地设置

什么是透水系数？

透水系数是衡量渗透地面透水能力的指标，单位为 mm/s，当地面特征选择渗透型材料时，可根据设计情况填入透水系数值。

步骤3：区域设置。

选择亭廊、乔木、爬藤棚架、绿地、水面、屋顶绿化，以及对应的参数（图7-5）。

图7-5 区域设置

步骤4：总图观察。

可以选择【显示阴影】，调节时刻（图7-6）。

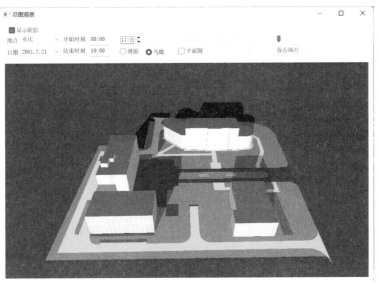

图7-6 总图观察

环节三   设置参数

工程设置如图 7-7 所示。

设置参数

工程设置 ✕

工程名称 [　　　　　　　　　]

建设单位 [　　　　　　　　　]

设计单位 [　　　　　　　　　]

设计编号 [　　　　　　　　　]

地　点 [重庆 ▽]　气候区 [IIIB ▽]

评价标准 [《绿色建筑评价标准》GB/T 50378-2019 ▽]

[确定]　[取消]

图 7-7 工程设置

环节四   热环境计算

热环境计算

步骤 1:热岛强度计算。

根据项目所在地进行二次选择,选择【地点】和【地表类别】。单击【导出参数】按钮,软件会自动导出设计标准中确定的基本参数,包括典型气象日逐时气象参数及该项目的渗透面夏季逐时蒸发量。单击【确定】按钮,软件将自动进行相应计算(图 7-8)。

热环境计算 ✕

地点 [重庆 ▽]　气候区 [IIIB ▽]

年份 [2001 ▽]　[7] 月 [21] 日

开始时刻 [9:00]　结束时刻 [19:00]

主导风向 [西北]　☑ 重新计算天空角系数

地表类别 [D:有密集建筑群且房屋较高的大城市(省会、 ▽]

[导出参数]　[确定]　[取消]

图 7-8 热环境计算

方框内字体表示不满足规范要求，黑色字体表示满足规范要求。

《城市居住区热环境设计标准》(JGJ 286—2013) 中要求平均热岛强度值小于等于 1.5 ℃，单击【详细计算指标】按钮，将展示室外计算指标的数值大小，包括但不限于地块面积、室外面积、广场面积、道路面积、绿地面积、水面面积等基本的设计指标。单击【插入图中】按钮，热环境的相应指标将会插入图纸当中以便二次查阅（图 7-9）。

住区热环境设计指标--重庆   ×

热岛强度

平均热岛强度 6.80℃   ●显示表格   ○显示折线图   热岛报告书   插入图中

时刻(北京时)	平均温度	太阳辐射升温	长波辐射降温	蒸发换热降温	居住区温度	典型气象温度	温差(℃)
9:00	27.4	4.4	4.1	1.8	25.8	27.6	-1.77
10:00	27.4	6.8	4.0	1.9	28.4	28.9	-0.50
11:00	27.4	9.5	3.8	1.8	31.3	30.1	1.23
12:00	27.4	12.2	3.5	1.7	34.4	31.0	3.39
13:00	27.4	14.6	3.4	1.5	37.1	31.4	5.72
14:00	27.4	16.5	3.5	1.2	39.3	31.3	7.97
15:00	27.4	17.7	3.5	1.0	40.6	30.7	9.92
16:00	27.4	18.2	3.6	0.7	41.2	29.8	11.38
17:00	27.4	18.0	3.7	0.5	41.1	28.7	12.41
18:00	27.4	17.2	3.8	0.4	40.4	27.7	12.70
▶ 19:00	27.4	16.0	3.9	0.3	39.2	26.9	12.33

详细计算指标<<   插入图中   调整设计

描述	值	
地块面积(m²)	20254.17	
建筑密度	0.20	
室外面积(m²)	16253.21	
广场面积(m²)	2436.38	
道路面积(m²)	4050.51	
绿地面积(m²)	8711.56	
水面面积(m²)	61.92	
绿化屋面面积(m²)	3764.73	
乔木爬藤面积(m²)	0.00	
亭廊面积(m²)	0.00	
渗透型硬地面积(m²)	6633.80	
地表平均太阳辐射吸收系数	0.80	
地面粗糙系数	0.30	

图 7-9 详细计算指标

什么是平均热岛强度？

平均热岛强度是居住区逐时空气温度与同时刻当地典型气象日空气干球温度的差值的平均值（℃）。

单击【调整设计】按钮，软件将展示室外真实环境中主要的影响因素中的数值大小，单击条目后，会根据页面指数的大小分类，如果图中没有该区的面积，面积表示为零，可在增减面积中，手动增减面积，方便计算机二次计算（图 7-10）。

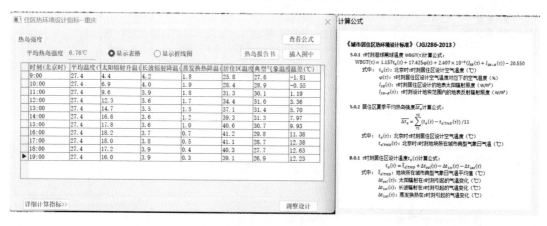

图 7-10　调整区域面积

也可查看平均热岛强度的计算公式，导出热岛报告书（图 7-11）。

图 7-11　查看公式

步骤 2：湿球黑球温度计算。

单击【湿黑温度】选项，在热环境计算界面单击【确定】，会展示该区域最大的湿球黑球温度和标准中要求的逐时湿球黑球温度。其余功能与热岛强度相同（图 7-12、图 7-13）。

什么是湿球黑球温度？

湿球黑球温度是综合评价接触热环境时人体热负荷大小的指标（℃）。

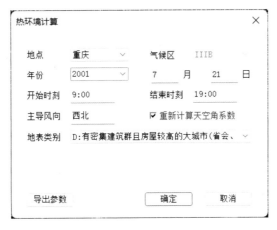

图 7-12 热环境计算

图 7-13 湿球黑球温度

步骤 3：温度分布计算。

可选择计算住区气温或建筑表面温度。若单击【住区气温】，软件将自动计算室外各区域表面的温度。若单击【建筑表面】，软件将自动计算各建筑单体外表面的温度，方便进行二次计算选择。

以住区气温作为演示，单击【住区气温】，弹出的对话框与之前一样，单击【确定】按钮（图 7-14）。

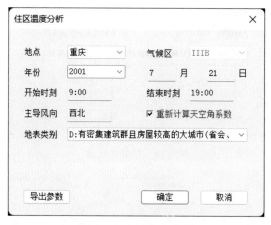

图 7-14 住区温度分析

计算完毕后，软件将会弹出住区逐时温度的彩图，可以勾选【等值线】选项，这时彩图就会显示各区域的等温度线，以便查阅（图 7-15）。

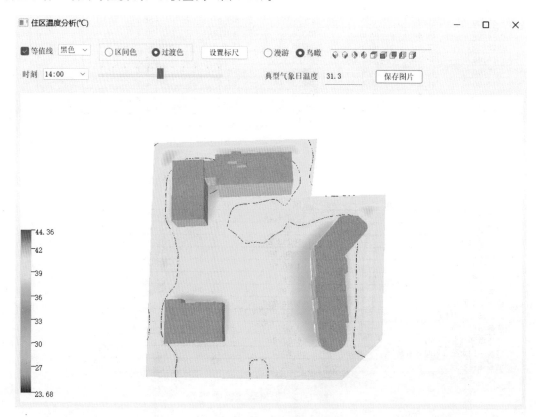

图 7-15 住区逐时温度的彩图

如果想要查看某一时刻的温度，可以拖动标尺进行预览。如果要查看某一温度区间的范围，可以单击【设置标尺】按钮，进行最大值和最小值的设置及标尺的间隔温度，以方便后续研究（图 7-16）。

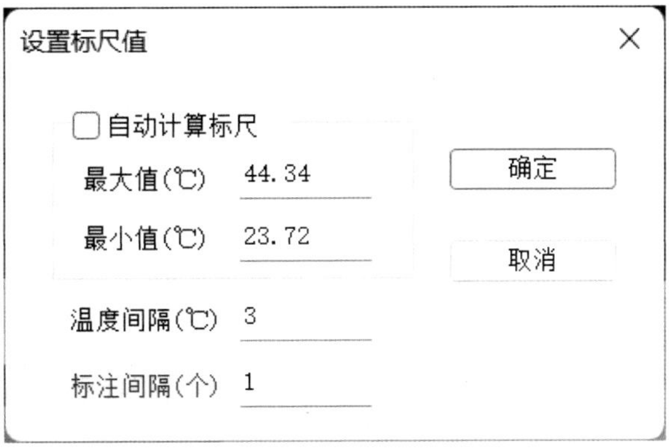

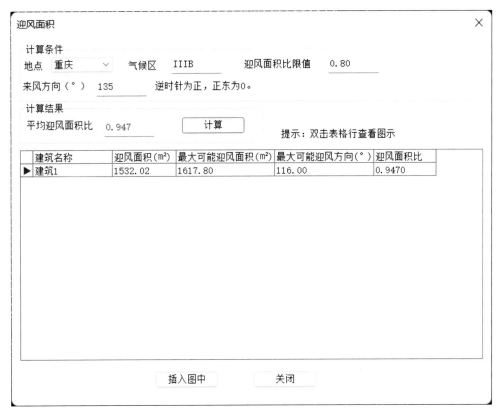

图 7-16 设置标尺值

步骤 4：迎风面积计算。

软件将计算居住区内各建筑单体的迎风面积比，单击【计算】按钮。可根据自身需求，改变来风方向的角度及投影试算角度增量（图 7-17）。若不进行修改，软件将默认《城市居住区热环境设计标准》(JGJ 286—2013) 中要求的来风方向。

图 7-17 迎风面积

绿色建筑与建筑节能

> **什么是平均迎风面积比？**
> 居住区或设计地块范围内各个建筑物的迎风面积比的平均值。

步骤5：遮阳覆盖率。

软件会自动计算遮阳覆盖率，单击【插入图中】按钮，插入相应的图纸（图7-18）。

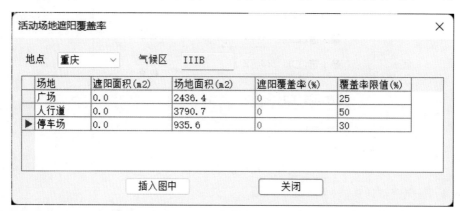

图7-18　活动场地遮阳覆盖率

步骤6：屋面绿化率计算。

标准中对建筑物的屋顶绿化进行了相应规定，单击后可自动进行计算（图7-19）。

建筑	屋面轮廓面积（m²）	屋顶绿化面积（m²）	可绿化屋面面积（m²）	屋面绿化率（%）
	2232.9	2151.7	2232.9	96
建筑1	1768.1	1613.1	1768.1	91
合计	4001.0	3764.7	4001.0	94

图7-19　屋面绿化率

步骤7：绿化遮阳。

单击后软件自动计算结果，并可将遮阳体的信息插入图纸中。

步骤8：渗透蒸发。

可计算室外区域的蒸发量和地面透水系数，同时，也展现了规范对数值的要求（图7-20）。

168

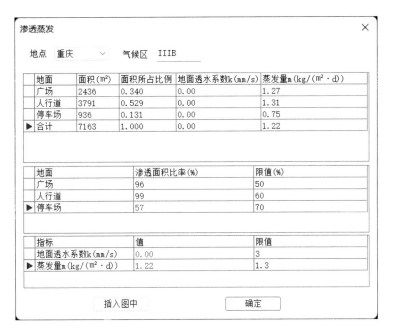

图 7-20　渗透蒸发

步骤 9：底层通风。

若建筑物有底层架空措施，软件可进行相应的计算，若没有底层架空，则显示架空率为零（图 7-21、图 7-22）。

图 7-21　首层通风架空率计算界面

图 7-22　首层通风架空率计算结果

什么是通风架空率？

通风架空率是指在架空层中，净高超过 2.5 m 的可穿越式通风部分的建筑面积占建筑基底面积的比率（%）。

步骤 10：降热计算。

软件默认的计算日期为规范中要求的夏至日，基本参数选择完毕后，选择建筑红线（图 7-23）。单击【输出计算书】按钮，会自动生成地面遮阴的报告书，同时，也可以生成阴影图（图 7-24、图 7-25）。

图 7-23 参数设置

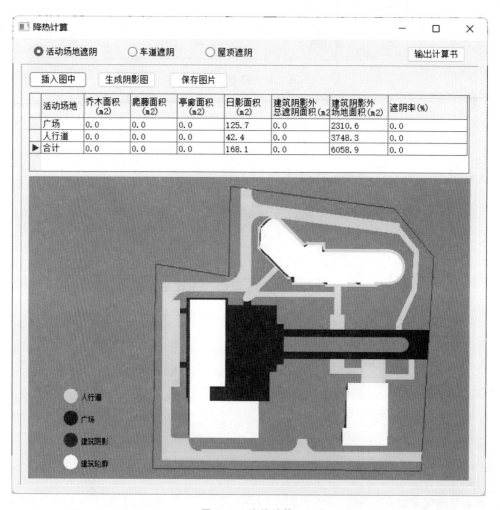

图 7-24 降热计算

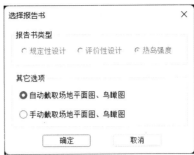

图 7-25 报告书输出

步骤 11：绿容率计算。

通过软件计算并导出 Excel 表格来确定分值（图 7-26）。

类别	占地面积（m²）	系数	叶面积总量（m²）
冠层密集乔木	0	叶面积指数：4	0
冠层稀疏乔木	0	叶面积指数：2	0
密集爬藤	0	叶面积指数：4	0
稀疏爬藤	0	叶面积指数：2	0
屋面绿化	3765	计算系数：1	3765
草地	8712	计算系数：1	8712
灌木	0	计算系数：3	0
▶ 合计			12476

绿容率：0.62 叶面积总量：12476 m² 场地面积：20254 m²

[插入图中] [导出Excel] [关闭]

图 7-26 绿容率计算

什么是绿容率？

绿容率是指场地内各类植被叶面积总量与场地面积的比值，是十分重要的场地生态评价指标，虽无法全面表征场地绿地的空间生态水平，但可作为绿地率的有效补充。其中，场地面积是指项目红线内的选用地面积。

绿容率＝［∑（乔木面积指数×乔木投影×乔木株数）＋灌木占地面积×3＋草地占地面积×1］/场地面积

环节五 输出报告

上述步骤完成后，单击【热环报告】，选择报告书类型，软件会根据上述命令计算的结果进行自动整合，形成一份完整的报告书（图 7-27）。

输出报告

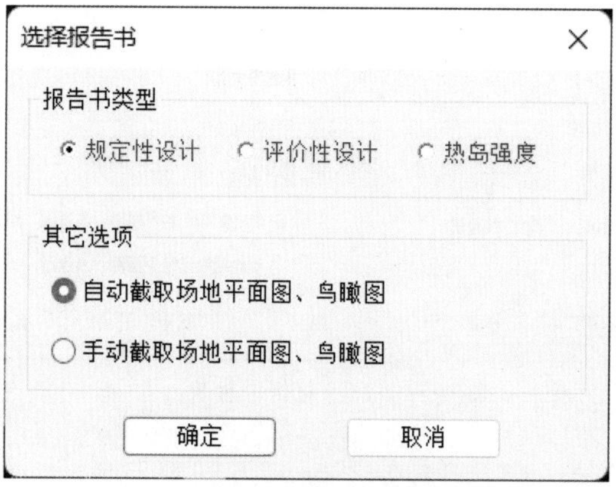

图 7-27　报告书输出

什么是规定性设计？什么是评价性设计？

规定性设计和评价性设计是《城市居住区热环境设计标准》（JGJ 286—2013）给出的两种设计方法。当按规定性设计时，通过设计计算，能够满足《城市居住区热环境设计标准》（JGJ 286—2013）中有关室外环境的通风、遮阳、渗透与蒸发、绿地与绿化的规定性设计要求时，可以判定为满足要求。

当进行评价性设计时，应采用逐时湿球黑球温度和平均热岛强度作为居住区热环境的设计指标。

（1）居住区夏季逐时湿球黑球温度不应大于 33 ℃；

（2）居住区夏季平均热岛强度不应大于 1.5 ℃。

07-2　室内热舒适分析

🏆 **典型工作环节** ●

典型工作环节如图 7-28 所示。

前期准备 ⇨ 创建模型 ⇨ 设置参数 ⇨ 热舒适计算 ⇨ 输出报告

图 7-28　典型工作环节

（1）前期准备：收集项目图纸、国家及地方标准、规范、图集；识读图纸；安装软件。

（2）创建模型：可直接采用节能设计软件 BECS 的模型。

（3）设置参数：内容包括工程设置、遮阳类型设置、房间类型设置等。

（4）热舒适计算：检查模型设置并进行室内室温和 PMV 计算。

（5）输出报告：完成上述工作后，通过软件输出成果报告。

每一工作环节均可按照"资讯—计划—实施—检查—评价"开展学习。

环节一　前期准备

（1）项目图纸：全套施工图纸、效果图。

（2）主要标准规范与图集如下。

1)《绿色建筑评价标准》（GB/T 50378—2019）。

2)《绿色建筑评价标准技术细则》（2019 年）。

3)《健康建筑评价标准》（T/ASC 02—2021）。

4)《民用建筑室内热湿环境评价标准》（GB/T 50785—2012）。

5)《民用建筑供暖通风与空气调节设计规范》（GB 50736—2016）。

（3）安装软件：安装方式参考学习情境二，软件成功安装、打开后，界面如图 7-29 所示。

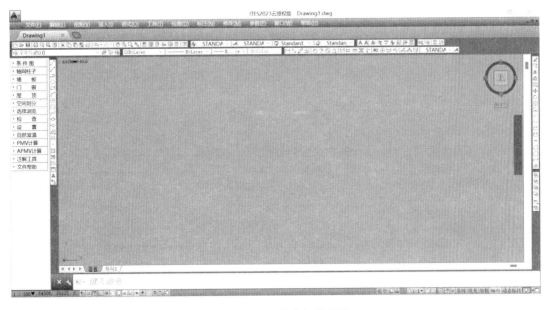

图 7-29　ITES 软件初始界面

环节二　创建模型

可直接运用节能设计软件 BECS 的模型成果进行计算。

创建模型

参数设置

环节三 设置参数

步骤1：工程设置。

根据实际项目进行设置，选择建筑类型（图7-30）。

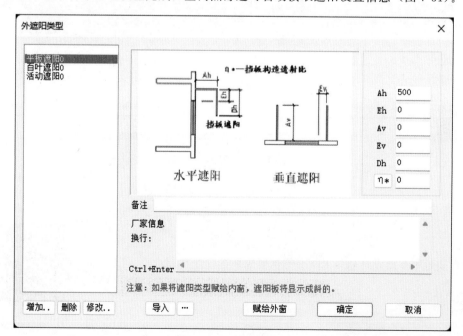

图7-30 工程设置

步骤2：遮阳类型设置。

如果在节能软件中已经设置完成，室内热舒适可自动读取遮阳设置信息（图7-31）。

图7-31 遮阳类型

步骤 3: 房间类型设置。

房间的控温区间,参数需要设置,这里包括工作日时间表和节假日时间表,如果在能耗类软件完成,可直接读取能耗软件设置的参数(图 7-32)。

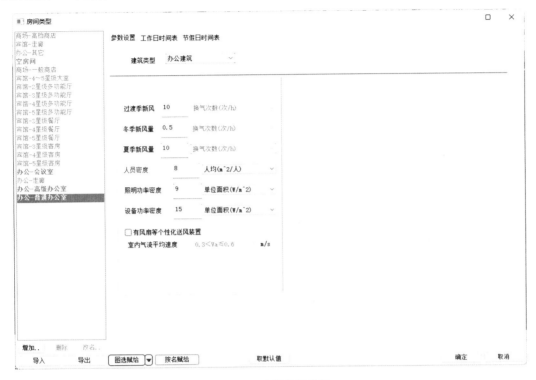

图 7-32　房间类型设置

为什么需设置风扇等个性化送风装置?

室内热舒适度是由温度、湿度、空气流速、辐射温度、服装热阻及人体活动六个因素共同决定;当室内温度高于 25 ℃时,允许采用提高气流速度的方式来补偿室内温度的上升,个性化风扇是改善空气流速的低成本有效方案。

环节四　室内热舒适计算

步骤 1: 自然室温计算。

先在【PMV】中选择【读取 K 值】,可以自动读取节能里赋予的外围护的做法,读取 K 值,再在【自然室温】中单击【自然室温】,它对自然室温的影响很小。可选择是否输出附录,单击【确定】按钮,即可自动计算并生成报告书,会输出房间满足舒适区间的时间对比(图 7-33)。

室内热舒适计算

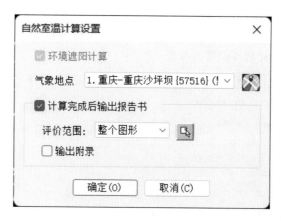

图 7-33　自然室温计算设置

步骤 2：PMV 计算。

（1）指定热源。把用到的冷热源都设置。支持的对象：选择要设置成热源的平板、体量模型或多面网格。使用【建筑高度】（JZGD）命令，选择所需的闭合线段，赋予高度和底标高。单击【指定热源】，选择其中一种确定（图 7-34）。

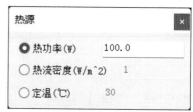

```
命令: LJ_V_ZDRY
选择要设置成热源的平板、体量模型或多面网格:
```

图 7-34　热源设置

（2）水平风口。先用闭合线段设置空调位置，单击【水平风口】，设定风速边界和热边界、厚度和标高，以及送回风位置"顶面送风""顶面回风""底面送风""底面回风"（图 7-35）。可将送风口和散流器一起进行复制。

图 7-35　水平风口设置

（3）室内风场。可选择户型、建筑轮廓或房间进行计算（图 7-36）。最大迭代数可以自定义参数，因为热相对于速度来说不太容易梳理，所以需要更多次迭代。其余指标自行确认，可选择系统默认设置（图 7-37～图 7-39）。

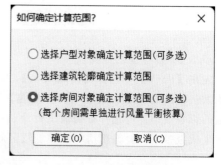

图 7-36　确定计算范围

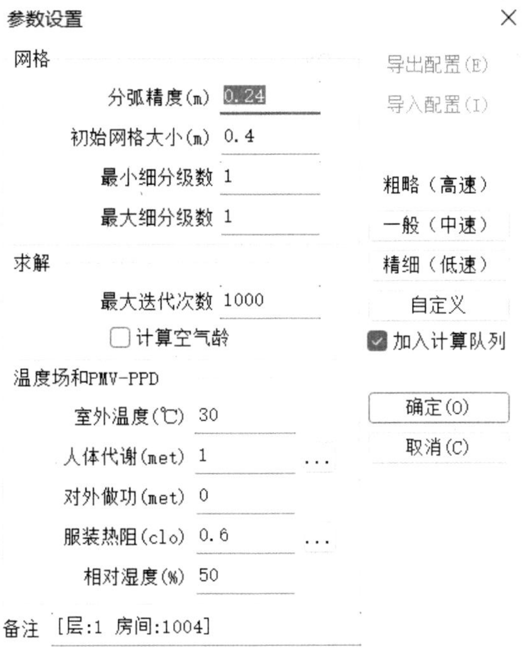

图 7-37　参数设置

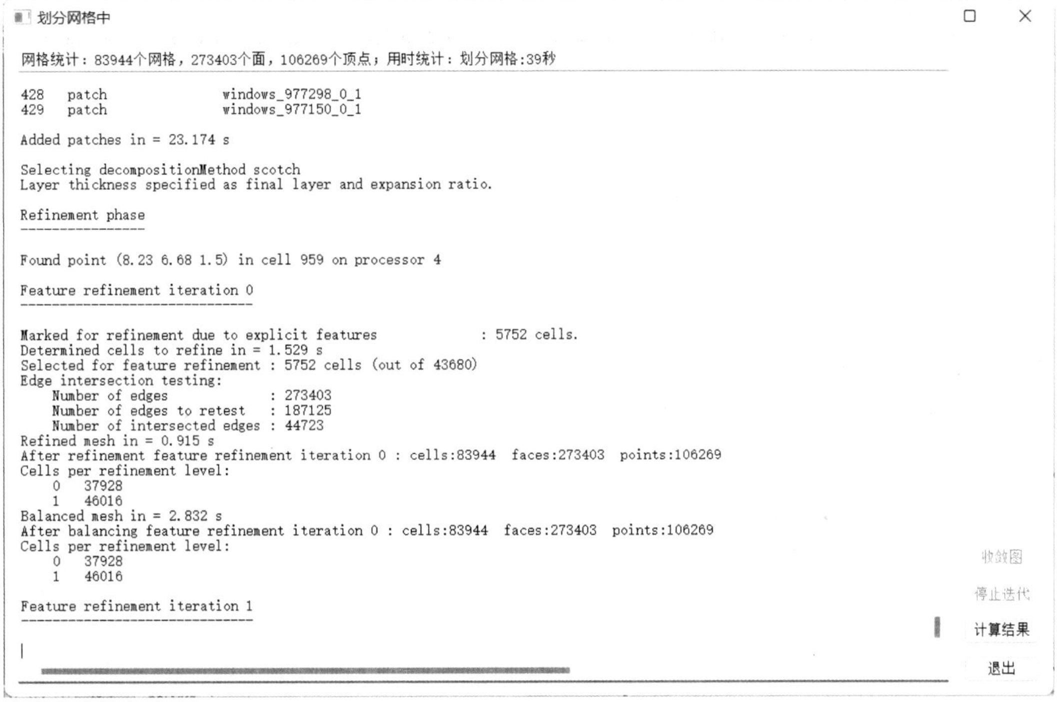

图 7-38　网格划分界面

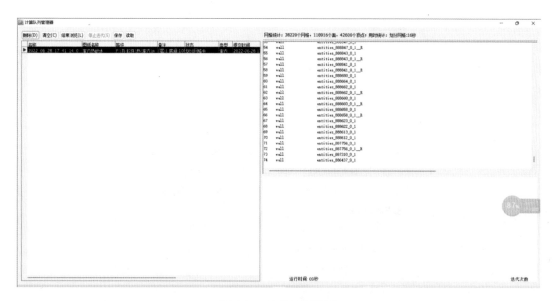

图 7-39　迭代计算界面

（4）结果管理。选择一个房间，单击【结果浏览】按钮（图 7-40）。

图 7-40　结果浏览

环节五　输出报告

步骤 1：自然室温报告输出。

在【PMV】中选择【读取 K 值】后，再在【自然室温】中选择【自然室温】，可选择是否输出附录，单击【确定】按钮，即可自动计算并生成报告书，会输出房间满足舒适区间的时间对比（图 7-41）。

输出报告

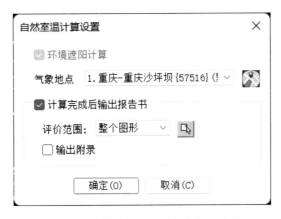

图 7-41 自然室温计算设置及报告输出

步骤 2：PMV 报告输出。

（1）按模块选择需要输出的内容，输出报告书，如图 7-42～图 7-45 所示。

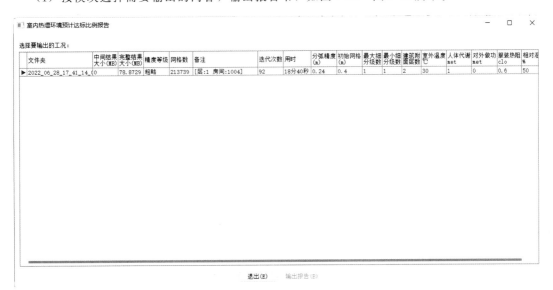

图 7-42 达标比例报告输出

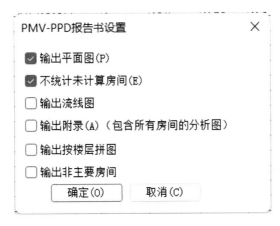

图 7-43 报告书设置

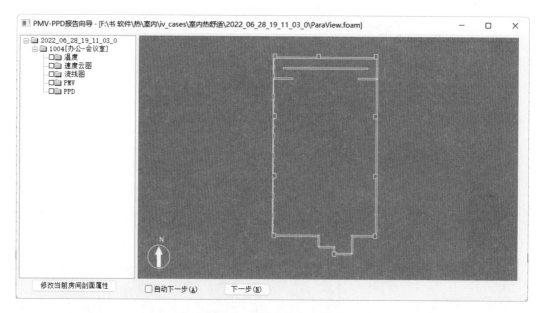

图 7-44 报告书输出界面 1

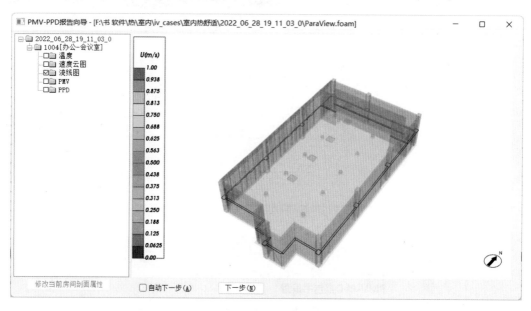

图 7-45 报告书输出界面 2

什么是 PMV 和 PPD？

PMV（预计平均热感觉指标）根据人体热平衡的基本方程式及心理生理学主观热感觉的等级为出发点，考虑了人体热舒适感的诸多有关因素的全面评价指标，是人群对于热感觉等级投票的平均指数。

PPD（预计不满意者的百分数）是处于热湿环境中的人群对于热湿环境不满意的预计投票平均值。

（2）PMV 速算。对于规则的小房间，可用简单指标快速估算（图 7-46）。

小　结

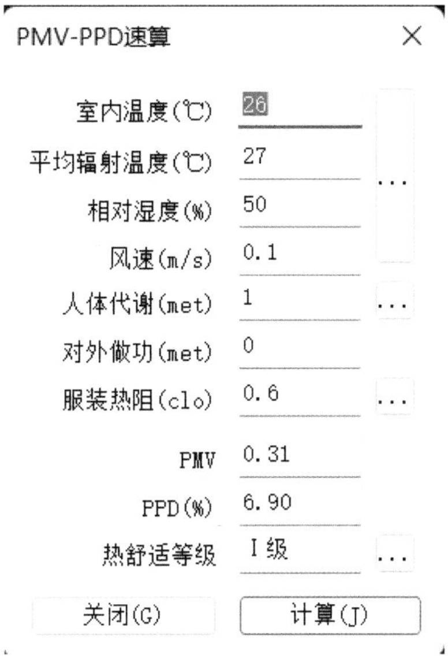

本学习情境完成了热环境模型搭建与分析。

07-1 室外热环境具体环节和步骤如下。

环节一前期准备：准备图纸、了解规范、安装软件；

环节二创建模型：建筑红线绘制、活动场地设置、区域设置、总图观察；

环节三设置参数：工程设置；

环节四噪声计算：数据提取、能耗计算、节能检查；

环节五输出报告：室外声环境分析报告。

07-2 室内热舒适具体环节和步骤如下。

环节一前期准备：准备图纸、了解规范、安装软件；

环节二创建模型：在节能模型基础上深化；

环节三设置参数：工程设置、遮阳类型选择、房间类型选择；

环节四室内热舒适计算：自然室温计算、PMV 计算；

环节五输出报告：自然室温报告、PMV 报告。

本学习情境涉及名词概念清单如下：

透水系数、平均热岛强度、湿球温度、平均迎风面积比、通风架空率、绿容率、规定性设计、评价性设计、平均热岛强度、PMV、PPD。

图 7-46　PMV-PPD 速算

课后习题

一、单选题

1. 热量传递有三种基本方式，以下说法完整、正确的是（　　）。

　　A. 导热、渗透、辐射

　　B. 对流、辐射、导热

　　C. 吸热、放热、导热、蓄热

　　D. 吸热、对流、放热

2. 在我国建筑气候分区中，重庆市属于（　　）。

　　A. 夏热冬暖地区

　　B. 温和地区

　　C. 夏热冬冷地区

　　D. 炎热地区

3. 避免或减弱热岛现象的措施，描述错误的是（　　）。

　　A. 在城市中增加水面设置

　　B. 扩大绿化面积

　　C. 采用方形、圆形城市面积的设计

　　D. 多采用带形城市设计

4. 关于湿球黑球温度以及其在 TERA 住区热环境软件中运用的相关内容，下列叙述错误的是（　　）。

A. 湿球黑球温度是综合评价接触热环境时人体热负荷大小的指标

B. 在 TERA 住区热环境软件中进行湿黑温度计算后，如果最大湿球黑球温度显示呈红色字体，则说明不符合相应的标准要求

C. 在 TERA 住区热环境软件中进行湿黑温度计算后，可根据项目需求选择显示表格查看或者显示折线图查看相应数据

D. 在 TERA 住区热环境软件中湿黑温度计算后，如果逐时湿球黑球温度不大于最大湿球黑球温度就符合标准要求

5. 适用于以重庆为代表的西南地区城市的窗口遮阳的形式为（　　）。

A. 水平式　　　　　　B. 垂直式　　　　　　C. 综合式　　　　　　D. 挡板式

6. 下列关于通风架空率叙述正确的是（　　）。

A. 通风架空率是指在架空层中，净高超过 3.0 m 的可穿越式通风部分的建筑面积占建筑基底面积的比率（％）

B. 通风架空率是指在架空层中，净高超过 2.5 m 的可穿越式通风部分的建筑面积占建筑基底面积的比率（％）

C. 通风架空率是指在单栋建筑中，净高超过 3.0 m 的可穿越式通风部分的建筑面积占总建筑面积的比率（％）

D. 通风架空率是指在单栋建筑中，净高超过 2.5 m 的可穿越式通风部分的建筑面积占总建筑面积的比率（％）

7. 下列关于绿容率描述错误的是（　　）。

A. 绿容率无法全面表征场地绿地的空间生态水平

B. 绿容率与植物群落配置、生产树龄等密切相关

C. 绿容率也叫绿化率，是十分重要的场地生态评价指标

D. 绿容率是场地内各类植被叶面积总量与场地面积的比值

二、多选题

1. 下列规范中，属于在室内热舒适分析中涉及的有（　　）。

A.《绿色建筑评价标准》（GB/T 50378—2019）

B.《绿色建筑评价技术细则》（2019）

C.《健康建筑评价标准》（T—ASC02—2012）

D.《民用建筑室内热湿环境评价标准》（GB/T 50785—2012）

E.《民用建筑供暖通风与空气调节设计规范》（GB 50736—2012）

2. 在 TERA 住区热环境软件中，需要在红线里布置活动场地，如广场、游憩场、停车场、人行道、车道，并为其设定场地材料，其中场地材料有（　　）。

A. 普通水泥　　　　B. 普通沥青　　　　C. 透水砖　　　　D. 透水沥青

E. 植草砖

3.《城市居住区热环境设计标准》（JGJ 286—2013）中规定了居住区应当按照相应的规定性内容进行设计，其中属于必须满足的规定性设计指标有（　　）。

A. 平均迎风面积比　　　　　　　　　B. 活动场地覆盖率

C. 底层通风架空率　　　　　　　　　D. 绿化遮阳体

E. 屋面绿化　　　　　　　　　　　　F. 地面渗透蒸发

4. 结合图 7-47，下列对于室内热环境评价指标（PMV），对热环境不满意的人员百分数（PPD）以及其在 ITES 室内热舒适软件的运用叙述正确的是（　　　）。

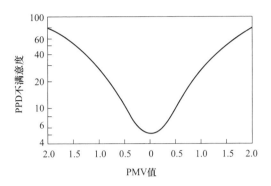

图 7-47　PMV-PPD 函数关系

A. 当 PMV＝0 时，处于一个热平衡状态，即所有人都会对当前的热环境感到满意

B. 当 −0.5＜PMV＜0.5 时，有≤10％的人对当前热环境不满意

C. 对于规则的小房间，可用简单的指标在 ITES 室内热舒适软件中进行 PMV-PDD 速算

D. ITES 室内热舒适软件可选择户型，建筑轮廓或者房间确定计算范围

三、填空题

1.《城市居住区热环境设计标准》(JGJ 286—2013) 中规定了对于不满足相应的规定性指标时应采用评价性设计，评价性设计分为_____。

2. 在 ITES 室内热舒适软件中，可通过【风口设置】中的_____或_____进行空调送分口的位置和送风热边界条件设置。

3. 构成室内热舒适度的六个因素包括_____、_____、_____、_____、_____和_____。

四、简答题

图 7-48 所示为热带地区常有的拱顶（穹顶）或坡屋顶建筑，请简述，从热环境改善的角度来说，此种类型的建筑有哪些优点？

扫码练习并查看答案

图 7-48　热带地区常有建筑

学习情境八

风环境分析

🏆 **知识目标** ●

说出风环境分析依据的规范名称及编号；从建筑的形式、布局、空间形态及界面产生的变化了解建筑与风环境的关系；分析各种条件下建筑风环境状况，并为设计优化提供策略依据。

活页式表单　　　　　PPT

🏆 **能力目标** ●

能独立运用软件建立室外风环境分析模型，并输出风环境分析报告；能独立运用软件建立室内风环境分析模型，并输出分析报告；能针对报告反馈的问题，在教师的引导下提出初步解决方案。

🏆 **素养目标** ●

通过数字软件建立模型，提升信息素养和工程思维，通过排查模型问题、分析报告，培育工匠精神和科学精神。

08-1　室外风环境分析

🏆 **典型工作环节** ●

典型工作环节如图 8-1 所示。

图 8-1　典型工作环节

（1）前期准备：收集项目图纸、国家及地方标准、规范、图集；识读图纸；安装软件。

（2）创建模型：根据项目设计总图和项目定位周边的交通线路情况进行建模。另需注意室外环境建模（室外声环境、室外风环境、室外热环境）为保证建模的工作的不重复，建议第一次室外环境建模时保留以下总图元素：场地内建筑轮廓及编号、场地外有遮挡影响的建筑、场地红线、场地车道、人行道、人行活动区域、绿化区域。

（3）设置参数：包括①项目基本参数，如地理位置、计算标准等；②项目室外通风设置，包括风场范围、模拟精度、网格划分、迭代次数等。

（4）风环境计算：检查设置并进行计算。

（5）输出报告：完成上述计算后，通过软件计算输出成果报告，若输出成果有明显不合理（如风速过大、风压过大等情况），则需调整室外通风设置（网格精度、室外模型精度等），重新计算直至输出较为合理结果。

每一工作环节均可按照"资讯—计划—实施—检查—评价"开展学习。

环节一　前期准备

（1）项目图纸：全套施工图纸、效果图。

（2）主要标准规范与图集：

1）《民用建筑供暖通风与空气调节设计规范》（GB 50736—2016）。

2）《绿色建筑评价标准》（GB/T 50378—2019）。

前期准备

（3）安装软件：安装方式参考学习情境二，软件成功安装、打开后，界面如图 8-2 所示。

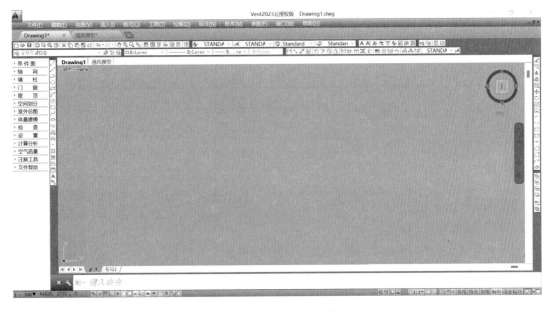

图 8-2　VENT 软件初始界面

环节二　创建模型

创建模型

室外风环境分析中，可实现室内外接力计算（室外风环境计算—提取门窗风压表—室内风环境计算）或内外风场计算（建筑的室内室外联通，即模拟开窗状态下真实的风场速度和压力分布），进行以上计算时需同时建立室内室外风环境模型。

步骤 1：风环境单体模型。

室内风环境模型与节能分析模型一致，若节能分析模型已建立可直接打开该模型进行室内风环境分析（图 8-3）。

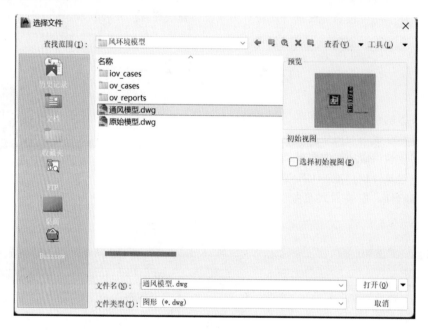

图 8-3　打开模型

步骤 2：风环境总图模型。

执行【多段线】命令，按照建筑物轮廓进行绘制。单击命令栏中的【闭合】，按照项目实际情况或项目总图进行位置及角度布置，单击【建筑高度】，逐一赋予高度信息。单击【建总图框】，绘制总图框，保证在计算时需考虑的所有建筑均在总图框内。

步骤 3：风环境组合模型。

打开或新建总图模型绘制总图框，完善指北针等要素，使用【本体入总】命令将单体模型置入总图中完成组合模型。

步骤 4：模型检查。

打开或建立模型后需要进行一次模型检查，执行【重叠检查】→【柱墙检查】→【模型检查】→【墙基检查】命令，直到模型错误被解决（图 8-4）。使用【模型观察】检查模型是否完全封闭。在以上工作完成后模型工作完成。

图 8-4　模型检查

环节三　设置参数

设置参数

步骤 1：工程设置。

使用【工程设置】命令根据需要设置项目的地理位置、名称、编号等基本信息。本工程地理位置设置为北京（图 8-5）。

图 8-5　工程设置

步骤 2：剖面设置。

（1）水平剖面：使用【水平剖面】命令在需要的高度设置剖面，默认为标高 1.5 m 处生成剖面（图 8-6）。

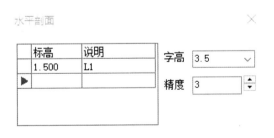

图 8-6　水平剖切

为什么默认标高 1 500 mm 处生成剖面？

根据《绿色建筑评价标准》（GB/T 50378—2019）中 8.2.8 第 1 条，在冬季典型风速和风向条件下，按下列规则分别评分并累积：1）建筑物周围人行区距地高 1.5 m 处风速小于 5 m/s，户外休息区、儿童娱乐区风速小于 2 m/s，且室外风速放大系数小于 2，得 3 分。

（2）垂直剖面：使用【垂直剖面】命令在需要剖切的位置绘制剖切符号。

按下列步骤定义垂直剖面视图：

1）输入视图名称；

2）输入剖面第一点；

3）输入剖面第二点；

4）输入视图方向，即观察的目标方向。

步骤3：风场设置。

使用【风场范围】命令设置参与计算的区域、地区、风速等参数[①]。确定风场后使用 PLINE 线框选迎风建筑。使用室外总图菜单下的【迎风建筑】命令选取该 PLINE 线设置迎风建筑（图8-7、图8-8）。

图 8-7　风场参数

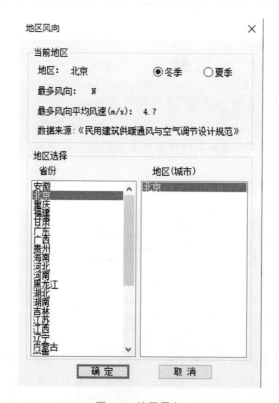

图 8-8　地区风向

环节四　室外风环境计算

步骤 1：室外风场计算设置。

使用【室外风场】命令选择计算范围（图 8-9），在参数设置中选择计算精度、季节、地区等信息，需手动勾选【计算完毕提取单体门窗风压表】选项（图 8-10）。设置完毕后单击【应用】按钮再单击【确定】按钮即可开始计算。

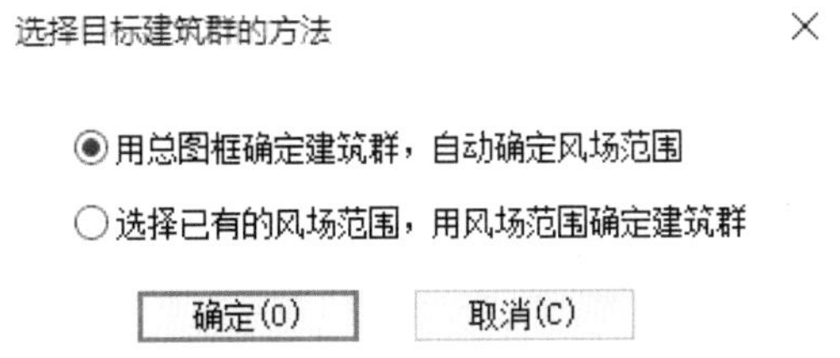

室外风环境计算

图 8-9　确定计算范围

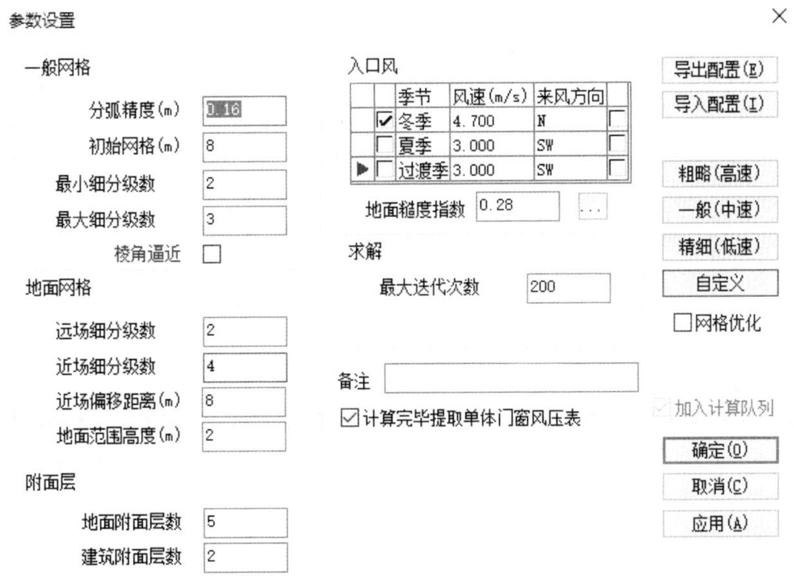

图 8-10　风场计算参数

步骤 2：室外风场迭代计算。

网格划分完毕后，程序开始进行迭代计算，界面将会显示迭代次数及每次迭代后物理量的残差并记录迭代所用时间。迭代计算过程中，可以单击【收敛图】按钮调用收敛图，观察收敛图是否出现异常波动；迭代过程中是否出现计算失败的提示，并根据情况检查模型和求解参数是否正确（图 8-11）。

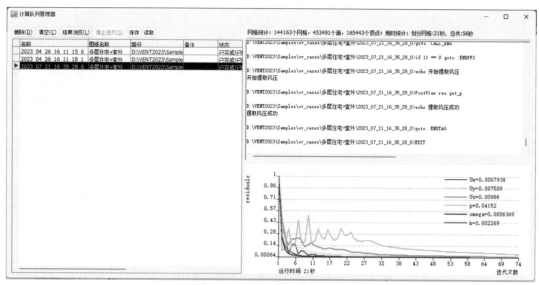

图 8-11　风场迭代计算

收敛需要达到什么标准？

　　计算流体力学认为当残差足够小达到某个数值并且稳定时，即可认为结果可以参考，为收敛的解；这个数值就作为判断收敛的标准。

环节五　输出报告

输出报告

　　使用【室外报告】命令，选择对应的计算结果输出报告（图 8-12）。

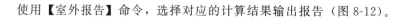

图 8-12　输出报告

08-2　室内风环境分析

🏆 典型工作环节 ●

典型工作环节如图 8-13 所示。

图 8-13　典型工作环节

（1）前期准备：收集项目图纸、国家及地方标准、规范、图集；识读图纸；安装软件。

（2）创建模型：根据项目设计图纸进行建模；或直接利用进行节能计算时已经建立的模型；或采用其他建模工具建立的模型，进行模型转换。另注室内通风模拟需根据建筑门窗大样，确定每个主要功能房间的外窗和外门的开启扇，开启扇可保证室内和室外的风场联通，方能保证室内风环境模拟的进行。

（3）设置参数：包括①项目基本参数，如地理位置、计算标准等；②项目室内通风设置，包括室外通风边界情况设置、开启状态、热源信息等。若需进行室内风环境气流组织模拟，则需根据暖通设计图纸，进行水平或垂直风口设置。

（4）风环境计算：检查设置并进行计算。

（5）输出报告：通过软件计算输出成果报告。室内通风计算支持室内风场模拟计算、门窗风压计算、换气次数计算、PMV 计算等。

每一工作环节均可按照"资讯—计划—实施—检查—评价"开展学习。

环节一　前期准备

（1）项目图纸：全套施工图纸、效果图。

（2）主要标准规范与图集：

1）《民用建筑供暖通风与空气调节设计规范》（GB 50736—2012）。

2）《绿色建筑评价标准》（GB/T 50378—2019）。

（3）安装软件：安装方式参考学习情境二，软件成功安装、打开后，界面如图 8-14 所示。

前期准备

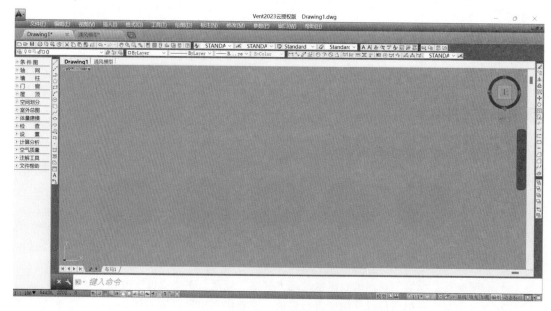

图 8-14 VENT 软件初始界面

环节二 创建模型

模型部分在室外风环境计算时已经建立，可参考 07-1 环节二进行创建。

创建模型

环节三 设置参数

步骤 1：工程设置。

使用【工程设置】命令，根据需要设置项目的地理位置、名称、编号等基本信息。本工程地理位置设置为重庆（图 8-15）。

设置参数

图 8-15 工程设置

步骤 2：房间功能。

在风环境分析中需要设置房间是否为主要功能房间。使用【房间功能】命令，可以自动或手动设置房间类型（图 8-16）。自动设置基于节能模型中房间的命名进行判断。

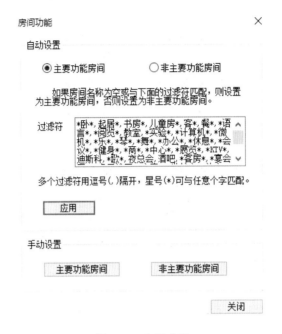

图 8-16　房间功能

步骤 3：窗扇设置。

在风环境分析中需要详细设置窗扇是否可以开启，以及开启面积。这些参数都会对分析结果产生影响。

（1）使用【窗扇展开】命令选择项目所有窗扇，选择展开位置进行展开（图 8-17）。

图 8-17　窗扇展开结果

（2）使用【插入窗扇】命令设置每一扇窗的开启范围及开启方式（图 8-18）。

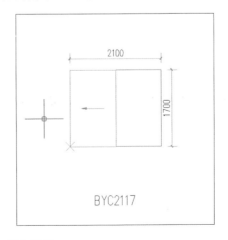

图 8-18　插入窗扇

（3）使用【开启状态】命令设置窗扇是否开启（图8-19）。

图8-19　开启状态

环节四　室内风环境计算

步骤1：设置风压。

在设置风压前需要先进行室外风场计算。执行【结果管理】命令，选择对应计算结果，在关闭杀毒软件环境下，执行【提取风压到门窗】命令，提取完成后可使用【门窗风压】命令查看（图8-20）。

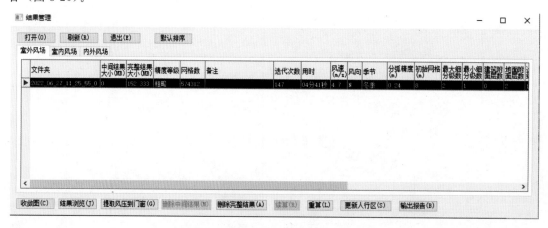

图8-20　提取风压

步骤 2：室内风场计算。

执行【室内风场】命令，选择确定计算范围的方式（图 8-21），设置计算精度（图 8-22），开始计算，结果如图 8-23 所示。

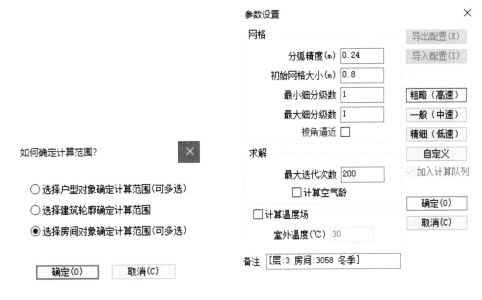

图 8-21　确定计算范围　　　　　　　　　　图 8-22　参数设置

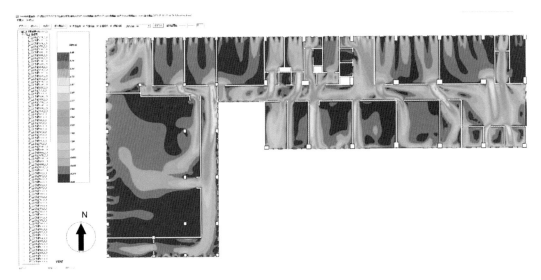

图 8-23　室内风场计算结果

步骤 3：内外风场计算。

使用【内外风场】命令，选择在室外风环境设置中已设置好的风场，开始计算，结果如图 8-24 所示。

步骤 4：跨层计算。

跨层计算用于计算建筑中跨层部分的通风情况，在计算前，先要在特性中将跨层部分的楼板设置为否，单击【跨层计算】按钮，选择室内点，开始计算（图 8-25）。

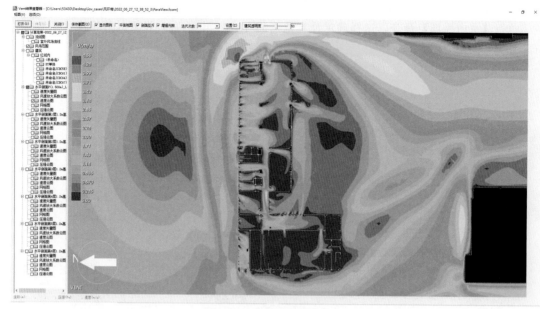

图 8-24　内外风场计算结果

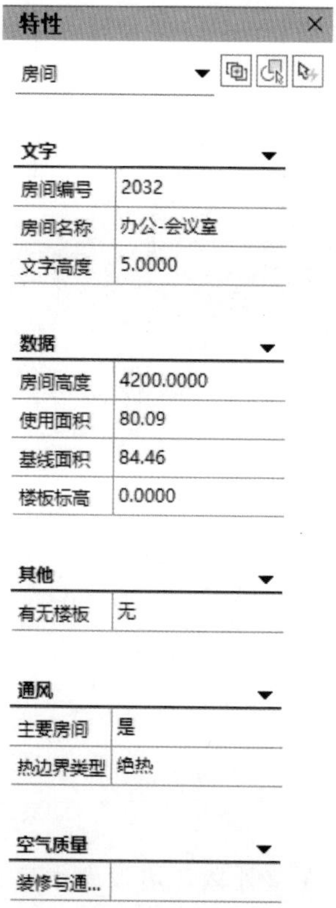

特性	×
房间	▼

文字　▼

房间编号	2032
房间名称	办公-会议室
文字高度	5.0000

数据　▼

房间高度	4200.0000
使用面积	80.09
基线面积	84.46
楼板标高	0.0000

其他　▼

有无楼板	无

通风　▼

主要房间	是
热边界类型	绝热

空气质量　▼

装修与通...	

图 8-25　跨层计算楼板设置

步骤 5：计算结果校验。

观察迭代情况是否正常收敛，在结果查看中观察设置的风场范围以外是否存在风场。如正常收敛，设置风场以外不存在风场即结果正常。

环节五　输出报告

使用【室内报告】命令，选择计算结果，单击【输出报告】，生成计算报告（图 8-26）。

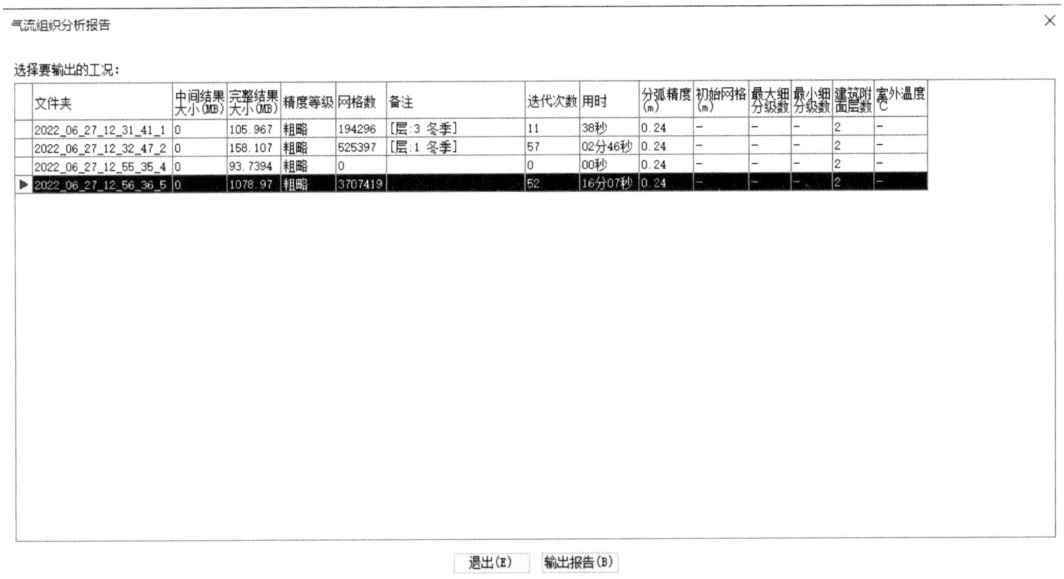

文件夹	中间结果大小(MB)	完整结果大小(MB)	精度等级	网格数	备注	迭代次数	用时	分弧精度(m)	初始网格(m)	最大细分级数	最小细分级数	建筑附面层数	室外温度(℃)
2022_06_27_12_31_41_1	0	105.967	粗略	194296	[层:3 冬季]	11	38秒	0.24	-	-	-	2	-
2022_06_27_12_32_47_2	0	158.107	粗略	525397	[层:1 冬季]	57	02分46秒	0.24	-	-	-	2	-
2022_06_27_12_55_35_4	0	93.7394	粗略	0		0	00秒	0.24	-	-	-	2	-
▶ 2022_06_27_12_56_36_5	0	1078.97	粗略	3707419		52	16分07秒	0.24	-	-	-	2	-

退出(E)　　输出报告(B)

图 8-26　室内风环境报告输出

♔ 小　　结 ●

本学习情境完成了风环境模型搭建与分析。

08-1 室外风环境分析具体环节和步骤如下。

环节一前期准备：准备图纸、了解规范、安装软件；

环节二创建模型：风环境单体模型、风环境总图模型、风环境组合模型、模型检查；

环节三设置参数：工程设置、剖面设置、风场设置；

环节四室外风环境计算：室外风场计算设置、室外风场迭代计算；

环节五输出报告：室外风环境分析报告。

08-2 室内风环境具体环节和步骤如下。

环节一前期准备：准备图纸、了解规范、安装软件；

环节二创建模型：在室外风环境模型基础上深化；

环节三设置参数：工程设置、房间功能、窗扇设置；

环节四室内风环境计算：设置风压、室内风场计算、内外风场计算、跨层计算、计算结果校验；

环节五输出报告：室内风环境分析报告。

本学习情境涉及名词概念清单如下：

风场、收敛图、风压。

课后习题 ●

一、单选题

1. 在 VENT 软件中，下列（　　）菜单项用于新建项目。

    A.【文件】→【新建】   B.【编辑】→【新建】

    C.【视图】→【新建】   D.【工具】→【新建】

2. 在 VENT 软件中，下列（　　）可进行模型的网格划分。

    A. 通过菜单栏的【网格】选项

    B. 通过组合键 Ctrl+G

    C. 通过工具栏的计算分析选项进行网格设置

    D. 通过右键菜单的【网格】选项

3. 在 VENT 软件中，下列（　　）可查看一个对象的特性信息。

    A. 通过菜单栏的【属性】选项   B. 通过组合键 Ctrl+E

    C. 通过工具栏的【属性】按钮   D. 通过组合键 Ctrl+1

4. 在 VENT 软件中，下列（　　）可保存当前的模拟结果。

    A. 通过菜单栏的【文件】选项

    B. 通过组合键 Ctrl+S

    C. 通过工具栏的【保存】按钮

    D. 通过单击鼠标右键菜单的【保存】选项

5. 查看室外风场模拟结果，可以通过以下（　　）操作完成。

    A. 通过查看的【结果文件】   B. 通过计算分析的【结果管理】

    C. 通过室外风场按钮   D. 通过室内风场按钮

6. 在 VENT 软件中，下列（　　）可撤销上一步操作。

    A. 通过菜单栏的【编辑】选项

    B. 通过组合键 Ctrl+Z

    C. 通过工具栏的【撤销】按钮

    D. 通过单击鼠标右键菜单的【撤销】选项

7. 下列（　　）可在 VENT 软件中查看三维模型。

    A. 通过单击鼠标右键模型观察   B. 通过组合键 Ctrl+1

    C. 通过实体观察的模型查看   D. 通过室外总图模型观察

8. 在 VENT 软件中，下列（　　）可复制一个选中的对象。

    A. 通过菜单栏的【编辑】选项

    B. 通过组合键 Ctrl+C 和 Ctrl+V

    C. 通过工具栏的【复制】按钮

    D. 通过单击鼠标右键菜单的【复制】选项

9. 在 VENT 软件中，下列（　　）可打开一个已有的项目。

    A. 通过工具栏的【文件】选项

    B. 通过组合键 Ctrl+O

    C. 通过工具栏的【打开】按钮

    D. 通过单击鼠标右键菜单的【打开】选项

10. 在 VENT 软件中，下列（　　）可进行模型的导入操作。

    A. 通过菜单栏的【文件】选项   B. 通过组合键 Ctrl+I

    C. 通过室外总图的本体入总按钮   D. 通过单击鼠标右键菜单的【导入】选项

11. 下列（　　）可建立迎风建筑模型。

    A. 在工程设置中设置   B. 通过室外总图中的迎风建筑

    C. 通过体量建模中的实体建模   D. 通过单击鼠标右键模型观察

12. 根据《绿色建筑评价标准》(GB/T 50378—2019)，场地内风环境有利于室外行走、活动舒适和建筑的自然通风，在冬季典型风速和风向条件下，室外风速需满足以下（　　）指标。

    A. 建筑物周围人行区距地高 1.5 m 处风速小于 5 m/s

    B. 户外休息区、儿童娱乐区风速小于 0.5 m/s

    C. 除迎风第一排建筑外，建筑迎风面与背风面表面风压差不大于 1.5 Pa

    D. 室外风速放大系数大于 2

13. 根据《绿色建筑评价标准》(GB/T 50378—2019)，在过渡季、夏季典型风速和风向条件下，为了营造良好的建筑室外风环境，需满足以下（　　）指标。

    A. 场地内人活动区出现涡旋，但未出现无风区

    B. 50% 以上可开启外窗室内外表面的风压差大于 0.5 Pa

    C. 建筑迎风面与背风面表面风压差不大于 1.5 Pa

    D. 室外风速放大系数小于 2

二、多选题

1. 完整的通风模型包括（　　）。

    A. 单体模型   B. 室外模型   C. 室内模型   D. 总图模型

2. 在 VENT 软件中，可以用来模拟（　　）物理环境。

    A. 室外风场模拟   B. 室内风场模拟   C. 光环境模拟   D. 空气质量模拟

3. 在 VENT 软件中，创建模型时可以进行（　　）基本操作。

    A. 移动对象   B. 旋转对象   C. 缩放对象   D. 镜像对象

4. 在 VENT 软件中，可以（　　）。

    A. 导出为速度矢量图   B. 导出为速度云图

    C. 导出为风速放大系数云图   D. 导出为温度云图

5. 以下因素影响建筑风环境的有（　　）。

    A. 建筑规划布局

    B. 建筑门窗洞口大小和位置

    C. 建筑朝向

    D. 室外风速和风向

扫码练习并查看答案

模拟题（适用于 1+X 备考）

参 考 文 献

［1］TopEnergy 绿色建筑论坛．绿色建筑评估［M］．北京：中国建筑工业出版社，2007．

［2］王清勤、李国柱、孟冲、谢琳娜．GB/T 50378—2019《绿色建筑评价标准》编制介绍［J］．暖通空调，2019，49：1—4．

［3］杨秀，张声远，齐晔，等．建筑节能设计标准与节能量估算［J］．城市发展研究，2011，18：7—13．

［4］邹瑜，郎四维，徐伟，等．中国建筑节能标准发展历程及展望［J］．建筑科学，2016，32：1—5，12．

［5］党睿，赵剑华，刘魁星，等．建筑节能［M］．4版．北京：中国建筑工业出版社，2022．

［6］诺伯特·莱希纳．建筑师技术设计指南—采暖·降温·照明［M］．2版．北京：中国建筑工业出版社，2004．

［7］董莉莉，刘亚南，薛巍，等．绿色建筑设计与评价［M］．北京：中国建筑工业出版社，2022．

［8］王清勤，孟冲，李国柱，等．我国健康建筑发展理念、现状与趋势［J］．建筑科学，2018，34：12—17．

［9］刘悦婷，叶青，王建飞，等．我国健康建筑评价标准和国际 WELL 建筑标准 v2 的比较分析［J］．建筑经济，2019，40：114—116．

［10］崔愷，刘恒，中国建设科技集团．绿色建筑设计导则 建筑专业［M］．北京：中国建筑工业出版社，2021．

［11］谢尔·安德森（Kjell Anderson）．建筑设计能源性能模拟指南［M］．田真，译．北京：知识产权出版社，2021．

［12］陈宏，张杰，管毓刚．建筑节能［M］．北京：知识产权出版社，2019．

［13］何荣，袁磊．建筑采光［M］．北京：知识产权出版社，2019．

［14］孟庆林．住区热环境［M］．北京：知识产权出版社，2022．

［15］刘琦，王德华．建筑日照［M］．北京：知识产权出版社，2016．

［16］田真，晃军．建筑通风［M］．北京：知识产权出版社，2018．

［17］罗智星，王海宁．建筑能耗与负荷［M］．北京：知识产权出版社，2021．

［18］孟琪，闵鹤群．建筑声环境［M］．北京：知识产权出版社，2021．

［19］曾旭东，黄文胜．城乡规划与建筑设计 BIM 技术应用［M］．北京：高等教育出版社，2020．

［20］郝洛西，曹亦潇．光与健康［M］．上海：同济大学出版社，2021．

［21］王俊，王清勤，叶凌．国外既有建筑绿色改造标准和案例［M］．北京：中国建筑工业出版社，2016．

［22］刘加平，董靓，孙世钧．绿色建筑概论［M］．北京：中国建筑工业出版社，2020．

［23］俞天琦．绿色建筑设计原理［M］．北京：中国建筑工业出版社，2022．